SHENGWU HUAXUE
ZONGHE SHIYAN

国家级一流课程配套教材

普通高等教育"十三五"规划教材

生物化学综合实验

谭志文　主编

徐洁皓　汪财生　副主编

U0194415

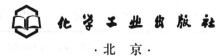

化学工业出版社

·北京·

内 容 简 介

《生物化学综合实验》主要介绍了核酸类、蛋白质类、糖类、脂类以及维生素类五类生化物质的综合实验项目。本书侧重介绍核酸类、蛋白质类综合实验项目,如实验项目:真核生物的分子鉴定,细菌发育树构建与分析,精氨酸激酶和苹果酸脱氢酶的酶活性研究。由问题引入式的方法介绍每一项实验,激发学生的兴趣,每一类综合实验又包含多个供学生动手实践的具体实验。本书注重理论与实践的有机结合,内容简明、清晰,可操作性强。

本书主要适用于高等院校的生物技术、生物工程、生物制药、生物科学等专业教学使用,也可供生物化学相关研究人员参考。

图书在版编目(CIP)数据

生物化学综合实验/谭志文主编. —北京:化学工业
出版社,2020.11(2024.1重印)
普通高等教育"十三五"规划教材
ISBN 978-7-122-37779-1

Ⅰ.①生… Ⅱ.①谭… Ⅲ.①生物化学-化学实验-
高等学校-教材 Ⅳ.①Q5-33

中国版本图书馆 CIP 数据核字(2020)第 180038 号

责任编辑:刘丽菲 李建丽　　　　　装帧设计:史利平
责任校对:边　涛

出版发行:化学工业出版社(北京市东城区青年湖南街 13 号　邮政编码 100011)
印　　装:北京盛通数码印刷有限公司
787mm×1092mm　1/16　印张 9　字数 208 千字　2024 年 1 月北京第 1 版第 4 次印刷

购书咨询:010-64518888　　　　　售后服务:010-64518899
网　　址:http://www.cip.com.cn
凡购买本书,如有缺损质量问题,本社销售中心负责调换。

定　　价:29.80 元

前　言

在传统的实验教材中，实验内容多是关于实验的演示和验证，对于每一个实验的原理、步骤等都写得十分具体，学生缺少一定的创新机会，只需要测数据、记录数据即完成实验，不能利用所学知识设计实验并解决一些问题。因此在验证实验基础上，开设综合设计实验，将简单基础实验技能串联起来实现教学与学科、教学与科研的交叉结合，开设一些能结合生产生活实际的综合实验是新时期实验教学发展的趋势，这有利于激发学生的学习兴趣，提高学生自我训练的能力，提高学生创新思维和实际动手能力，充分调动学生的主动性、积极性和创造性。

综合实验教学思路主要为：教师发布实验项目与要求→提示主要实验路线→学生查阅文献并设计实验方案→讨论实验方案→实施实验→记录实验数据撰写论文→各组汇报本组实验结果→学生相互学习。相应于我校综合自主设计实验方法，开放实施实验步骤的教学设计理念，本教材的设计特色在于提供的每一个实验项目都有一定的体系性、递进性与实际应用性。教材提供的针对每一个项目的实验步骤都只是一种参考思路，在实际教学操作过程中，可以要求学生查阅其他资料寻求解决实验的方法，以达到自我学习和自我提升的目的。

本书的主要特点是按照生化物质分类进行实验项目设计。一个实验项目由多个实验组成，完成所有实验后将得到的数据整理成实验论文。我校的生化教学团队结合多年的教学经验、科研项目以及教学实验室的实验平台，在核酸类、蛋白质类、糖类、脂类以及维生素类生化物质中选择设计了实验项目。本书侧重核酸类、蛋白质类综合实验项目的开发，如实验项目：真核生物的分子鉴定，细菌发育树构建与分析，精氨酸激酶和苹果酸脱氢酶的酶活性研究等，以上内容都是从我校的科研成果转化而来。这些实验项目在我校最近几年的教学实践中取得了一定的教学成果，体现出了很强的可操作特色。

本教材由谭志文、徐洁皓、汪财生、尹尚军老师共同编写，同时借鉴了兄弟院校的典型综合实验项目，借此机会，在此表示由衷的感谢。

希望本教材能对我国大学的生物技术和生物工程专业的人才培养起到一定的积极作用。由于编者水平有限，书中不足及疏漏之处在所难免，恳请同行与读者批评指正。

编者

2020 年 10 月

目　录

绪　论

党的二十大报告提出："建设现代化产业体系，坚持把发展经济的着力点放在实体经济上，推进新型工业化，加快建设制造强国、质量强国、航天强国、交通强国、网络强国、数字中国。实施产业基础再造工程和重大技术装备攻关工程，支持专精特新企业发展，推动制造业高端化、智能化、绿色化发展。巩固优势产业领先地位，在关系安全发展的领域加快补齐短板，提升战略性资源供应保障能力。推动战略性新兴产业融合集群发展，构建新一代信息技术、人工智能、生物技术、新能源、新材料、高端装备、绿色环保等一批新的增长引擎。"生物医药、环境生物治理与保护、生物资源开发与利用及动植物生物技术等领域是我国生物产业发展的重点方向。生物化学实验技术的教学有利于培养相关专业应用型人才。

生物化学综合实验课是一门针对生物技术、生物工程和生物制药专业学生开设的课程。该门课程是在学生具备了一定的化学和生物学实验基础知识以及仪器使用技术的基础上，为培养创新型、复合型和应用型人才而探索的一种教学模式，也是应用型大学教学的一个特色，为学生将来从事与生物相关的技术研发、管理和检测工作奠定一定基础。培养的目标包括以下几点。知识目标：使学生在从事生化物质的相关科学研究中掌握一定的设计思路和考虑一些可能遇到的问题并了解其解决的方法，同时激发学生对生命科学现象探索的兴趣及学习热情。能力目标：使学生具备自主学习和终身学习的能力，熟练掌握生化物质相关分离、检测、分析等实验的规范操作能力，同时培养学生合作沟通、口头表达、组织协调能力，以及综合运用所学知识和技术解决问题的能力。素质目标：培养学生发现问题和质疑的习惯，使学生具备批判思维和科学探索精神，科学、严谨、规范的科研素质及良好的实验习惯，良好的合作精神和职业素养。生物化学综合实验教学模式总体的设计思路见下图。

从以上的教学模式设计中可以看出生物化学综合实验教学是以学生自我训练为主、合作讨论式的实验教学方法，强调项目化训练，其主要目的是培养学生独立设计实验方案的能力、查阅文献的能力、分析解决问题的能力，在此过程中形成良好的实验综合素质，为今后的工作和科学研究打下一定的基础。在实验过程中，学生在开放的实验室进行实验，具有很大的自主性。为了让学生安全有序地参与实验，学生须遵守生物技术实验室的安全管理制度。

生物基础实验室学生守则

（1）进入实验室工作的学生和工作人员均须要参加实验室安全知识培训，考核合格后才可以在实验室工作。

（2）进入实验室须遵守仪器设备使用管理制度，熟知操作规程及注意事项等，仪器设备操作者须先经过培训并按要求操作仪器设备，对于特殊设备，须经过相应培训，持证上岗。

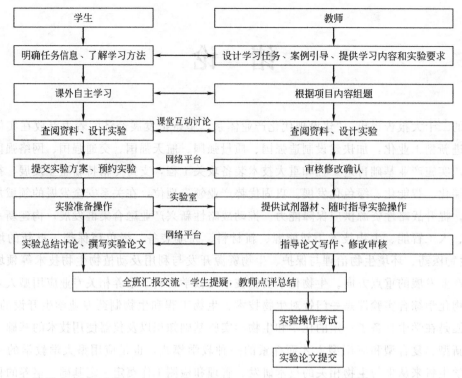

（3）仪器设备不得开机过夜，如确有需要，必须采取必要的措施。

（4）进入实验室，必须穿实验服。实验前做好实验准备工作。实验预习应明确实验目的、实验原理、基本实验步骤等。遵守实验室纪律，保持实验室内安静和卫生。

（5）学生在实验结束后要将仪器设备、实验器具及实验台面等擦拭干净，并将实验室打扫干净。按时完成实验报告。

（6）本着严谨的实验态度，培养动手能力和分析问题的能力以及解决问题的能力。

实验室仪器安全使用管理

生物技术基础实验室中常用到的仪器有离心机、真空冷冻干燥机、紫外可见分光光度计、色谱仪、细胞破碎仪、干燥箱、组织匀浆机、凝胶成像系统、冰箱以及高压灭菌锅等。正确使用上述设备可保护使用人的安全以及延长仪器设备寿命。

（1）使用高速离心机时，一定要注意离心管的对称平衡，拧紧离心转子。对有腐蚀性的液体离心时，应避免对离心机金属的腐蚀。离心完毕后，用干抹布擦拭干净离心机腔体。

（2）使用干燥箱或灭菌锅时，一定要有人实时看管，干燥箱不能过夜开机。

（3）使用中低压色谱系统时，一定要将流动相和样品进行过滤，开机运行前对管路进行排气泡。仪器运行结束后，根据所用流动相性质，采取不同的清理管路流动相方法，以清除管路中的盐分，最后用20％乙醇溶液保护色谱系统的管路与色谱柱。

（4）使用真空冷冻干燥机时，注意真空泵的开关与平衡外界大气压的顺序，以免干燥机腔体内发生倒吸现象，将油泵中的油倒吸至腔体中，在还未平衡外界大气压时，勿强行开启真空冷冻干燥机的门。

化学试剂安全使用管理

生物化学实验过程中常会使用到一些有毒、有腐蚀性的化学物质，在使用这些化学试剂时一定要先了解其化学性质，并针对性地采取一些防护措施。下面对生物基础实验室中常用的化学试剂给出一些使用说明与注意事项。

1. 硫酸（H_2SO_4）

浓度为15％的硫酸具有腐蚀性，可引起严重烧伤。皮肤接触或吸入蒸气都会造成危害。使用硫酸时须带上手套。对硫酸进行稀释时，会产生大量热量，严重时会沸腾，所以将硫酸加入水中时应缓慢搅拌，等热量散发完后，再继续加硫酸，必要时可用冰水冷却。最好使用开口大的烧杯进行稀释操作。切勿将浓硫酸倒入有机废液桶，此种做法将会引起急剧发热，甚至引起爆炸。

2. 苯酚（C_6H_5OH）

苯酚有毒，吸入或经皮肤吸收，会引起皮肤灼伤、恶心、头痛、呼吸困难、失去知觉等症状甚至有生命危险。苯酚在加热到80℃时和空气混合易燃，如果不小心引发着火，须使用水和二氧化碳灭火。

3. 溴化乙锭（$C_{21}H_2ON_3Br$）

溴化乙锭溶液简称 EB 溶液，是 DNA 琼脂糖凝胶电泳中使用的一种染色液，其具有致癌性。实验室有专门的操作区域，在此区域操作时，要戴手套，不要将染液带离至其他区域，以免污染其他区域。使用过的已污染的手套与凝胶应放入指定固废收集桶。凡是接触过溴化乙锭的器皿必须经专门处理后才能在专用水槽中清洗。

4. 乙醇（CH_3CH_2OH）

乙醇是易挥发易燃试剂，使用时要远离火源。

5. 高氯酸

高氯酸为无色透明液体，有刺激性气味，具挥发性，极易吸湿，可以水溶液方式存在。大气压下蒸馏分解，有时会发生强烈爆炸。能与水以任意比混溶，并能与水起猛烈作用而放出热。具氧化性和腐蚀性。对水体有轻度危害。

6. 无水乙醚

无水乙醚极易燃，有害，具刺激性和麻醉性。吸入会引起恶心，呼吸困难甚至晕厥。使用时应在通风橱中操作。

7. 焦炭酸二乙酯（$C_6H_{10}O_5$）

焦炭酸二乙酯（DEPC）是 RNA 酶的强烈抑制剂，主要用于 RNA 提取实验。DEPC 对眼睛、呼吸道黏膜、皮肤均有强刺激性。DEPC 是一种潜在的致癌物质，主要能生成乙酯基衍生物和乙酯类衍生物，其中尿烷是一种已知的致癌物质。在操作中应尽量在通风条件下进行。DEPC 的毒性并不是很强，但吸入的毒性强。不慎溅入眼睛或沾到手上时应立即用大量清水冲洗。使用时要戴口罩，穿戴适当的防护服，最好在通风橱中操作。

8. 二甲苯［$C_6H_4(CH_3)_2$］

二甲苯是具有芳香味的无色液体。其液体和蒸气刺激眼睛，会引起皮炎、影响中枢神经，为致癌物质。操作时避免直接接触，使用手套和眼睛防护装置，容器要严格密封，远离火源，在通风良好的地方使用。

9. 氯仿（CHCl₃）

氯仿，又称三氯甲烷，是具有特殊气味的无色透明液体。可引起呼吸困难，刺激皮肤和眼睛，影响人的神经系统，导致头疼、恶心等现象。与某些金属如铝、镁、锌混合引起爆炸，对塑料橡胶有腐蚀性。在操作中需引起重视。

10. 高锰酸钾（KMnO₄）

高锰酸钾有毒，具腐蚀性、刺激性，可致人体灼伤。遇浓硫酸、铵盐能发生爆炸，遇甘油能引起自燃。与有机物，还原剂，易燃物如硫、磷等接触或混合时有引起燃烧爆炸的危险。灭火方法：采用水、雾状水、砂土灭火。

为了保证实验人员的安全，进入实验室做实验的同学应做到以下几点：

（1）称量药品时，药匙需清洗干净，以免药品间相互污染，或发生不同化学药品间的化学反应。称量完成后，清理天平保持卫生。

（2）装试剂溶液的试剂瓶应清洗干净，新配制的药品溶液装试剂瓶后，需标明该试剂的名称、浓度、时间、配制人等信息。

（3）对于有腐蚀性、有毒危险化学品如盐酸、硫酸等需在实验室特定通风橱区域或通风良好的区域操作，并用特定的移液管或量筒移取液体。

（4）使用药品前，认真了解该药品的性质、注意事项等。

（5）做完实验后，及时清理实验台面，保持台面整洁干净。

（6）不小心接触到有害药品要立即清洗，严重时到医院就诊，遇到特殊情况及时报告老师。

（7）使用仪器后，及时清理仪器，保持仪器整洁干净，并做好仪器使用记录登记。

化学三废的处理

化学三废主要指废液、废气、废物。

1. 废液

生物化学基础实验室常产生的废液主要包括酸碱废液和有机废液两大类。常用有机溶剂有乙醇、甲醇、三氯甲烷、丙酮、乙醚、乙腈、异戊醇和石油醚等。有机废液不经处理直接排入下水道，属于无组织排放，会对环境造成极大污染。酸碱废液先通过中和处理，然后收集放置到实验室酸碱废液桶中。对于有机废液，实验室放置了专门的有机废液收集桶。应将两类废液统一送至具有处理资质的专业环境保护公司进行集中处理。

2. 废气

实验室产生的废气成分主要来源于试剂和样品的挥发物，分析过程中的产物等。刺激性气体的种类很多，最常见的有氯、氮、氮氧化物，二氧化硫等，还有一些窒息性气体（可分为单纯窒息性气体、血液窒息性气体和细胞窒息性气体），如氮气、甲烷、乙烷、乙烯、一氧化碳、硝基苯的蒸气、氰化氢、硫化氢等。少量有毒气体可通过通风橱或通风管道，直接排到室外。因此在进行相关实验时,需在通风橱内进行。

3. 废物

废物是实验完成后需丢弃的一些实验材料、一次性耗材等。因为有可能接触到有毒物质,所以废物处理要格外小心。生物化学基础实验室产生的固体废物主要是盛放乙醇硫酸等的玻璃试剂瓶、装固体化学试剂的塑料试剂瓶、橡胶试剂瓶以及做电泳实验含有 EB 溶液的凝胶和一次性手套等。实验室应放置有专门收集固体废物的固废桶,要求被放入的固体废物不应含有液体试剂和固体试剂,如装硫酸、盐酸等的试剂瓶不应残留液体,装常规化学试剂的塑料试剂瓶不应残留固体试剂等。实验室管理人员定期将产生的固体废物统一处理并统一送至具有处理资质的专业环境保护公司进行集中处理。

第一章　核酸类综合实验

项目一　真核生物的分子鉴定

实验导读

　　某实验人员从黄酒中分离筛选出一株红色菌，经形态学和生理生化特性初步鉴定为酵母，但真菌种类繁多，据报道，地球上大约存在1500000种真菌，已经发现和运用的大约有69000种，因此无法准确鉴定此红色菌株种属。由于生物遗传物质携带了物种的特异信息，在属种间具有高度保守性，因此，拟应用分子生物学鉴定手段结合形态与生理生化特性对真菌进行种属鉴定和系统分类。

基本原理

　　真核生物基因组中编码核糖体的基因包括 28S rDNA、5S rDNA、18S rDNA 和 5.8S rDNA 4种，它们在染色体上头尾相连，串联排列，相互间由间隔区分隔。其中 18S rDNA、5.8S rDNA 和 28S rDNA 基因组成一个转录单元（图1-1），三者高度保守，适合于较高等级水平的生物群体间的系统分析，其间隔区为内转录间隔区（internal transcribed spacer，ITS），包括内转录间隔区1（ITS1）和内转录间隔区2（ITS2）两部分，由于进化相对迅速而具有多态性，因而适合等级水平较低的系统学研究。

图 1-1　真菌核糖体 DNA 转录区和相关引物

　　如图1-1所示，欲对某一真菌进行分子水平上系统分类时，可设计特定引物对该真菌菌株基因组中的核糖体 DNA（rDNA）转录区的特定核苷酸片段进行聚合酶链式反应（PCR）扩增，然后通过对所获得的 PCR 产物进行测序分析，以及与已知真菌序列比对即可确定该菌株在系统分类学上的位置。真菌核糖体 DNA 内转录间隔区（rDNA-ITS）通用扩增引物如表1-1。

表 1-1　真菌核糖体 DNA 内转录间隔区（rDNA-ITS）通用扩增引物

引物	序列(5′至 3′方向)	长度/bp
ITS1	TCCGTAGGTGAACCTGCGG	19
ITS2	GCTGCGTTCTTCATCGATGC	20
ITS3	GCATCGATGAAGAACGCAGC	20
ITS4	TCCTCCGCTTATTGATATGC	20

ITS 的引物选择与扩增的目标区间有关，单独分析 ITS1 区、ITS2 区序列可以研究亲缘关系较近的属种或群组之间小范围和低水平的序列变化；若需要相对较多的序列信息用于未知真菌的系统分类学研究或鉴定未知真菌的属种，可对整个 ITS 区设计引物，由于真菌全长 ITS 区序列（图 1-1）包含了其两端的 18S rDNA、28S rDNA 的部分序列和中间的 ITS1 区、5.8S rDNA、ITS2 区的完整序列（长度 300～1000bp，真菌通常 600bp 左右）拥有相对丰富的信息，因而全长序列的 ITS 分析在真菌分子生物学鉴定中比较常用。

[课前预习]

（1）聚合酶链式反应（PCR）的基本原理。
（2）现代测序技术的方法及原理。

[目的要求]

（1）掌握 PCR 技术的基本操作方法。
（2）掌握酵母菌的培养方法。
（3）掌握基因组的提取方法。
（4）掌握美国国家生物信息中心（NCBI）序列比对的分析方法。

[设计思路]

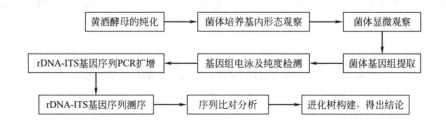

实验一　黄酒酵母形态学观察

[实验目的]

掌握培养基制备与灭菌技术；了解酵母菌的形态特征。

[实验材料]

黄酒酵母。

[实验试剂]

YPD 培养基：分别称取酵母浸出粉 20g、蛋白胨 20g、葡萄糖 20g，加水定容至 1000mL，121℃灭菌 30min（制作固体培养基时，向每升液体 YPD 培养基中加入 18g 琼脂糖）。

[实验器材]

灭菌锅、生化培养箱、显微镜、电子天平、培养皿、超净工作台、移液枪。

[实验步骤]

（1）菌株扩大培养

将黄酒酵母接入已准备好的 YPD 液体培养基中培养，检验。置于 30℃恒温振荡培养箱中培养 48h。

（2）形态学鉴定

将分离筛选得到的菌株接种到 YPD 固体培养基上，置于 30℃恒温培养箱培养 48h。

采用点接法，蘸取少量菌种，在 YPD 固体培养基平板定植三点；

采用划线法，蘸取少量菌种，在 YPD 固体培养基平板上横竖各划 3 条线；

采用涂布法，使用已灭菌的移液枪吸取少量菌液接入 YPD 固体培养基上，并用涂布棒将其抹匀。置于恒温培养箱培养 48h，观察菌落的颜色、质地、生长速度等特性。

（3）菌落的显微镜观察

挑取少量菌落，置于干净的载玻片上，加一滴酒精清洗菌落 1min，使其完全展开后用无菌水清洗，盖上盖玻片置于显微镜下观察。先在低倍镜下找到菌落，再使用高倍镜观察菌落形态并拍照记录。

实验二　黄酒酵母的分子生物学鉴定

[实验目的]

掌握分子生物学法鉴定真核微生物的方法。

[实验材料]

黄酒酵母。

[实验试剂]

（1）DL-2000 DNA 标准分子量标记物。

（2）Tris 硼酸（TBE）电泳缓冲液：Tris 10.78g、硼酸 5.50g、乙二胺四乙酸二钠（EDTA-Na$_2$）0.93g，加蒸馏水定容至 1000mL，调节 pH 至 8.0 备用。

（3）20％十二烷基硫酸钠（SDS）（pH7.2）：称取 20g SDS 于 68℃下溶解至 80mL ddH$_2$O 中，使用浓盐酸调节 pH 至 8.0，定容至 100mL。

（4）苯酚：氯仿：异戊醇（25：24：1）。

（5）异丙醇。

（6）70％乙醇。

（7）无脱氧核糖核酸酶的核糖核酸酶（DNase-free RNase）。

（8）10 倍浓度上样缓冲液（10×Loading Buffer）。

（9）PCR 试剂盒。

（10）溴化乙锭（EB）：0.5μg/mL。

（11）Tris-EDTA 缓冲液（TE 缓冲液）：称取 1.211g 三羟甲基氨基甲烷（Tris）、EDTA-Na$_2$ 0.372g 溶于 800mL ddH$_2$O 中，用盐酸调节 pH 为 8.0，然后定容至 1L。

（12）5mol/L 乙酸钾（KAC）：称取 49.1g 乙酸钾溶解于 100mL 去离子水中，于 4℃储存。

（13）十二烷基硫酸钠（SDS）提取缓冲液：50mmol/L EDTA-Na$_2$（pH8.0），100mmol/L Tris-HCl（pH8.0），500mmol/L NaCl 灭菌后加 β-巯基乙醇至 10mmol/L。

（14）1‰琼脂糖：1g 琼脂糖溶于 TBE 缓冲液中加热配成 100mL。

（15）二苯胺试剂：使用前称取 1g 重结晶二苯胺，溶于 100mL 分析纯的冰乙酸中，再加入 10mL 过氯酸（60％以上），混匀待用。临用前加入 1mL 1.6％乙醛溶液。所配试剂应为无色。

（16）2×Taq DNA 聚合酶 PCR 反应混合液（含 Taq DNA 聚合酶、PCR 反应缓冲液、MgCl$_2$、4 种 dNTP）。

（17）PVP：聚乙烯吡咯烷酮。

（18）DNA 标准溶液：取小牛胸腺 DNA 用 0.1mol/L 的氢氧化钠溶液配制成 200μg/mL 的溶液。

[实验器材]

电子天平、DNA 水平电泳槽、凝胶成像系统、水浴锅、微量移液器、电泳仪、研钵、紫外分析仪。

[实验步骤]

（一）黄酒酵母基因组的提取

（1）将预先冷冻的挑选好的菌种加入 PVP 在研钵中迅速研磨成粉末，研磨完毕的细粉转入 2mL 的 EP 管中。

（2）加入 1.0mL SDS 提取缓冲液轻轻旋转混匀。

（3）加入 0.1mL 20% SDS（pH7.2）混匀，65℃水浴 45min，在此期间进行若干次轻摇操作使其混匀。

（4）加入 0.5mL 5mol/L CH₃COOK 混匀，冰浴 30min，12000r/min 4℃离心 10min。

（5）取上清液，加入等体积的苯酚∶氯仿∶异戊醇（25∶24∶1）混合液并混匀，10000r/min、4℃离心 10min。

（6）取水相，准确加入 0.6 倍体积−20℃预冷异丙醇，轻轻混匀，−20℃冰箱冷冻 2h。

（7）12000r/min、4℃离心 10min，用 70%的乙醇洗涤沉淀。

（8）离心后溶于无菌双蒸水中。

（9）再加入 1μL RNase（10mg/mL），37℃温育 1h，加入与步骤 8 所加无菌双蒸水等体积的苯酚∶氯仿∶异戊醇（25∶24∶1）混合液，1000r/min 4℃离心 10min。进行一次抽提，以去除 RNA。

（10）取水相，准确加入 0.6 倍体积的预冷异丙醇，轻轻混匀，−20℃冰箱冷冻 2h。

（11）12000r/min 4℃离心 10min，用 70%的乙醇洗涤沉淀。

（12）离心后溶于无菌双蒸水中。

（13）DNA 样品于−20℃保存备用。

（二）DNA 含量的测定

（1）标准曲线的测定

取 6 支试管，编号 1~6，然后按照表 1-2 添加试剂；轻摇混匀，60℃恒温水浴 1h，冷却后于 595nm 处比色测定；最后以光密度为纵坐标，DNA 质量浓度为横坐标，绘制标准曲线。

表 1-2　二苯胺标准曲线测定　　　　　　　　　　　　单位：mL

试剂 ＼ 管号	1	2	3	4	5	6
DNA 标准溶液	0	0.4	0.8	1.2	1.6	2.0
蒸馏水	2.0	1.6	1.2	0.8	0.4	0
二苯胺试剂	4	4	4	4	4	4

（2）样品的测定

取 2 支试管，各加入用 TE 缓冲液稀释 20 倍的 2mL 待测液和 4mL 二苯胺，60℃恒温水浴 1h，冷却后于 595nm 处比色测定。

（三）DNA 纯度的测定

取备用去除 RNA 的 DNA 溶液在紫外-可见分光光度计下测定 260nm 和 280nm 处的吸光度值。若吸光度过高，可稀释后再在紫外分光光度计下测出其吸光值，就可以根据 OD_{260}/OD_{280} 值来判断其 DNA 纯度。或采用微量核酸蛋白测定仪进行测定读取数值。

（四）DNA 的琼脂糖凝胶电泳

用 1%琼脂糖凝胶电泳检查 DNA 的提取情况。

（1）琼脂糖凝胶液的制备

称取 1g 琼脂糖，置于三角瓶中，加入 100mL 1×TBE 电泳缓冲液，瓶口倒扣一个小烧杯，于电炉上加热。琼脂全部融化后取出摇匀，即为 1% 琼脂。

（2）凝胶板的制备

待琼脂糖冷却至 65℃ 左右，将其小心倒入插有梳子的制胶板中（制胶板须调水平）。梳子底边与制胶板表面保持 0.5～1mm 的间隙，使凝胶缓慢展开并在制胶板表面形成一层厚约 5mm 的均匀胶层。确保此时还未凝固的琼脂糖液体中不存有气泡。室温下静置 0.5～1h，待凝胶完全凝固后，用小滴管在梳齿附近加入少量缓冲液润湿凝胶，双手均匀用力轻轻拔出梳子（注意勿使胶孔或胶面出现破裂），则在凝固琼脂糖胶板上形成相互隔开的样品孔。

（3）加缓冲液

将凝胶连同制胶板放入电泳槽平台上，用缓冲液先填满加样槽，防止槽内存在气泡。再倒入大量缓冲液直至浸没凝胶面 2～3mm。

（4）加样

取 DNA 样品液与溴酚蓝-甘油溶液的混合液，用微量注射器将其加入凝胶板的样品孔中。每个孔加 10μL 左右。加样量不宜太多，避免样品过多溢出，污染邻近样品。加样时不要损坏凝胶孔，加样完成后缓慢地将样品推进槽内让其集中沉于孔底部。由于购买的 DNA 标准物质（DNA Marker）已经与溴酚蓝-甘油溶液（上样缓冲液）进行了混合，所以直接取 5μL 混合液加至新的凝胶孔中。

（5）电泳

加样完毕，靠近样品孔一端连接负极，另一端连接正极，接通电源，开始电泳。控制电压降不高于 5V/cm（电压值与电泳板两极之间距离比）。当染料条带移动到距离凝胶前沿约 1cm 时，停止电泳。

（6）染色

戴上一次性乳胶手套将电泳后的凝胶取出，小心放至溴化乙锭染色液中，室温下浸泡染色 30min。

（7）观察

戴上一次性乳胶手套小心取出凝胶，沥干凝胶表面的溴化乙锭，再将胶板放至预先铺在凝胶成像系统观察仪上的保鲜膜上，在波长 254nm 紫外灯下进行观察，DNA 存在的位置呈现橘红色荧光，肉眼可观察到清晰的条带，使用凝胶成像系统拍照记录电泳图谱。

（五）rDNA-ITS 基因序列的 PCR 扩增和核酸序列测定

以提取的基因组 DNA 作为反应模板，利用合成的引物对编码 rDNA-ITS 基因序列进行 PCR 反应扩增。选取通用引物 ITS1 和 ITS4 进行 PCR 扩增，ITS1 和 ITS4 的序列分别为 5′-TCCGTAGGTGAACCTGCGG-3′ 和 5′-TCCTCCGCTTATTGATATGC-3′。

在 PCR 管中分别加入下列试剂（如表 1-3 示）：

表 1-3　PCR 体系

名称	体积/μL
ddH₂O	19
2×*Taq* DNA 聚合酶 PCR 反应混合液	25
黄酒酵母基因组	2
上游引物 ITS1	2
下游引物 ITS4	2

以上试剂加好后，离心 5s，在混合物上覆盖 20μL 石蜡油，可防止 PCR 过程样品中水分的蒸发。

反应参数：　　94℃　　　　5min

　　　　　　　94℃　　　　30s ⎤
　　　　　　　55℃　　　　30s ⎬　30 个循环
　　　　　　　72℃　　　　60s ⎦

　　　　　　　72℃　　　　10min

当所有的反应都完成以后，设置 PCR 仪的温度为 4℃。

反应完毕后各取 5μL 用 1％琼脂糖凝胶电泳检测，基因长度约为 1400bp。加样 DL2000 DNA Marker（TaKaRa 公司）作为电泳 Mark。电泳完毕，在凝胶成像系统观察结果并拍照。

（六）rDNA-ITS 基因序列的测序及分析

将扩增出来的目的核酸片段纯化后进行基因测序。对所测得的序列根据信号强弱选取并整理得到序列，然后将测得的序列提交美国 NCBI 的 GENEBANK 数据库进行 BLAST，选取相似度高的序列和一外族序列作为构建进化树的序列，通过 ClustalX 软件工具和 Bioedit、MEGA4 软件进行比对分析并以 Neighbor-Joining 方法构建系统发育树，具体操作步骤参照项目二进化树的构建步骤。

［注意事项］

1. PCR 反应的灵敏度很高，为了防止污染，使用的 0.2mL 的 Eppendorf 管和吸头都必须是新的、无污染的，实验操作需戴上一次性手套，操作应尽可能在无菌操作台上进行。

2. 应设含除模板 DNA 外所有其他成分的阴性对照。

3. 引物的使用浓度一般为 0.1～1.0μmol/L，浓度过高易形成引物二聚体或增加非特异性产物；浓度过低则影响效率。

4. PCR 产物要经电泳鉴定，得到分子大小一致的目的条带后再进行 PCR 产物的纯化和回收，在用凝胶电泳检查 PCR 产物的过程中，其剩余未电泳样品可存放于 4℃冰箱。

5. 基因组 DNA 分子大，在进行颠倒混匀、振荡等操作的时候，需要温和操作，常规方法获得的基因组 DNA 大小能够超过 20kb。

6. 操作步骤应精简，最大程度降低不利因素对 DNA 的破坏。

7. 苯酚和氯仿腐蚀性强，应注意防护，勿溅到皮肤上，操作时佩戴胶皮手套和口罩。

8. 无水乙醇沉淀 DNA 后，需将无水乙醇彻底除去，否则会影响 PCR 效果。

[思考题]

1. 在提取基因组实验中，为什么要用 70% 的乙醇洗涤 DNA 沉淀？

2. 使用苯酚、氯仿、异戊醇混合液提取 DNA 时，三个试剂的主要作用是什么？

3. 简述 PCR 扩增技术的原理与各试剂的作用（Mg^{2+}、dNTP、引物、DNA、缓冲液）。

4. 若无法扩增出目的基因片段，主要原因会是什么？应如何对实验进行改进？

5. 真核微生物基因组提取后的电泳结果若条带不清楚，出现拖尾糊状时，主要原因有哪些？

6. 如果是对真菌菌丝的核酸基因组进行提取，其参考方法有哪些？可否采用本实验的方法进行？

项目二　原核生物——细菌的系统发育关系分析

实验导读

某实验室保存有几支细菌菌株，但由于保存管的菌株记录信息丢失，现无法判断保存管所对应的菌株，请利用分子生物学知识对其一一鉴定，最后报告出菌株名。

基本原理

利用 DNA 序列进行系统发育分析是分析研究的必要手段。系统发育关系分析是对物种的进化地位及对其相互间亲缘关系作出阐释的一种重要的生物学分析手段，也是目前人们最广泛应用的一种分子生物学方法。细菌 rRNA 按沉降系数可以分为三种，分别是 5S rRNA、16S rRNA 和 23S rRNA。16S rDNA 是细菌染色体上编码 16S rRNA 相对应的 DNA 序列，普遍存在于所有原核生物中，参与蛋白质的生物合成。素有"细菌化石"之称的 16S rDNA 因为其在漫长的进化中序列几乎保持不变，所以可看成生物进化的分子钟。其序列由于既含有高度保守的序列区域，又有中度保守和高度变化的序列区域，因而此序列特别适合于进化距离不同的各类生物亲缘关系的研究。16S rDNA 大小适中，约 1.5kb，既能体现不同菌属之间的差异，又能用测序技术较容易地得到其序列，故被细菌学家所接受。可变区域序列的不同与细菌种属的不同直接相对应，因此根据此区域中恒定不变的保守区域设计引物可以将整个 16S rDNA 片段扩增出来，然后对可变区的序列差异进行分析，从而对细菌的菌属或种的水平上进行分类鉴定。此种方法为那些未能大量培养的细菌鉴定提供了一种十分可靠的生物学鉴定方法。

随着现代测序技术的发展，各种生物物种的基因组信息越来越丰富，生物信息的储存、检索和分析变得越来越方便。生物信息学在基因组学和蛋白质组学两方面的研究为分子生物遗传学的应用提供了坚实的基础。一系列生物学软件的发展使得实验数据的扫描与编辑变得更加方便快捷。本实验项目将用到的生物学软件有 Mega4、Clustalx 软件以及美国 NCBI 的 GENEBANK 数据库。

基因重组和克隆操作最重要的工具是限制性内切酶、载体和宿主菌，这是分子克隆的三要素。将载体和目的基因片段连接形成重组体后，转移至合适的宿主菌中进行大量复制。经过纯化后的 PCR 扩增片段可大大提高载体与目的基因的连接成功率以及克隆目的基因的成功率。克隆载体一般都具有特定的筛选标记，如常用的载体 Peasy-T1 simple Cloning 载体含有氨苄西林和卡那霉素两种筛选标记，可根据需要选择合适的抗生素。另外载体上的 *LacZ* 基因，在含有异丙基硫代 β-D-半乳糖苷（IPTG）和 5-溴-4-氯-3-吲哚-β-D-半乳糖苷（X-gal）的平板培养基上，可进行蓝白斑筛选。其原理是 *LacZ* 基因包含一段多克隆位点，当该位点没有外源 DNA 片段插入时在 IPTG 的诱导下可产生有活性的 β-半乳糖苷酶，该酶能够将 X-gal 水解生成蓝色的 5-溴-4-靛蓝，从而在培养基平板上呈现蓝色菌落。当该多克隆位点有外源 DNA 片段插入时，*LacZ* 基因的整体结构将被破坏，那么将产生无活性的 β-半乳糖苷酶，从而将形成白色菌落。通过蓝白斑筛选即可将含有目的片段的菌落挑选出来。

Peasy-T1 simple Cloning 载体及 pUCm-T 载体具有 M13F 和 M13R 专一结合位点，且连入载体的克隆片段刚好在该结合位点之间。若是阳性克隆，则扩增片段长度应该为引物长度与连入目的基因片段的长度之和，否则只是引物长度，根据此原理即可筛选出阳性克隆。pUCm-T 载体如图 1-2。

很多 DNA 聚合酶在进行 PCR 扩增时会在 PCR 产物双链 DNA 每条链的 3′端加上一个突出的碱基 A。pUCm-T 载体是一种已经线性化的载体，载体每条链的 3′端带有一个突出的 T。这样，pUCm-T 载体的两端就可以和 PCR 产物的两端进行正确的 A—T 配对，在连接酶的催化下，将 PCR 产物连接到 pUCm-T 载体中，形成含有目的片段的重组载体。之后使用 M13F 和 M13R 扩增引物对其间的 DNA 序列进行测序。推断出目的核糖体编码基因片段序列，为下一步的进化树分析建立基础。

[课前预习]

(1) 聚合酶链式反应的原理。

(2) 细菌核糖体的组成。

[目的要求]

(1) 学习 NCBI 数据库的使用。

(2) 学习进化树的构建方法。

(3) 学习分析进化树。

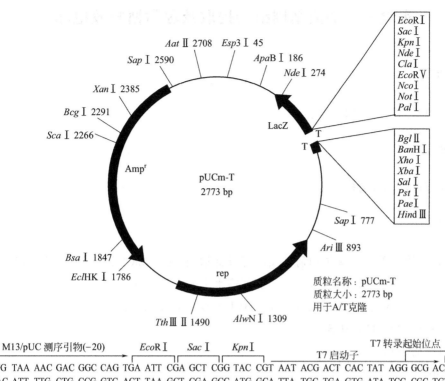

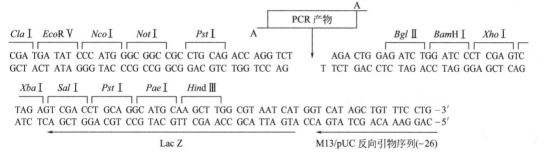

图 1-2　pUCm-T 载体结构示意

（4）学习纯化 PCR 产物与载体连接成重组子的方法。

（5）学习利用载体引物 M13F 和 M13R，采用 PCR 扩增方法筛选阳性克隆，并掌握阳性克隆筛选的原理与技术。

[设计思路]

将实验室保存的几株可疑的细菌：大肠杆菌、金黄色葡萄球菌、枯草芽孢杆菌，将其作为研究对象。整个项目的设计路线如下：

实验一　细菌基因组的提取及琼脂糖凝胶电泳

［实验目的］

掌握细菌基因组的提取方法。

［实验材料］

实验保存可疑细菌菌株。

［实验试剂］

（1）LB 液体培养基：胰蛋白胨 10g，酵母提取物 5g，NaCl 10g，溶于 800mL 蒸馏水中，用 5mol/L NaOH 调节 pH 至 7.0，加蒸馏水定容至 1L，121℃，20min 灭菌。

（2）裂解缓冲液：40mmol/L Tris-HCl（pH8.0），20mmol/L 乙酸钠，1mmol/L EDTA-Na$_2$ • 2H$_2$O，1% SDS。

（3）溶菌酶 100μg/mL。

（4）5mol/L NaCl。

（5）TE 缓冲液（pH8.0）。

（6）TAE 电泳缓冲液（50×储备液：242g Tris，57.1mL 冰乙酸，37.2g EDTA-Na$_2$ • 2H$_2$O，加蒸馏水定容至 1L，121℃灭菌 20min。用时稀释至 1×TAE）。

（7）溴化乙锭（EB）。

（8）其他：Tris-饱和酚、氯仿、异丙醇、琼脂糖、DNA 标准物、无水乙醇。

［实验器材］

微量移液器、电子天平、普通离心机、低温冷冻高速离心机、微型离心机、微波炉、水平电泳槽、电泳仪、枪头、1.5mL 离心管。

［实验步骤］

（1）分别接种可疑菌株至液体 LB 培养基中，37℃振荡培养 16h，获得菌体。

（2）取 1.5mL 培养液于 1.5mL 离心管中，10000r/min 离心 1min，收集沉淀菌体，使用无菌水洗涤菌体两遍，以除去残留培养基。

（3）若经过革兰氏染色鉴定可疑菌株为 G$^+$ 菌，应先加 100μg/mL 的溶菌酶。37℃温浴 1h。

（4）向每管中加入 200μL 裂解缓冲液，然后迅速强烈地抽吸，以悬浮菌体细胞，或者采用漩涡振荡器对其进行振荡混匀悬浮菌体。

（5）向每管中加入 66μL 的 5mol/L NaCl，充分混匀后，12000r/min 离心 10min，除去

蛋白质复合物及细胞壁等残渣。

（6）将上清液转移至新的离心管中，加入等体积的 Tris-饱和酚溶液，充分混匀后，12000r/min 离心 10min，进一步除去蛋白质。

（7）离心后，离心管中混合物分为三层：下层为有机相，中间层为蛋白质的变性沉淀固形物，上层为水相。将上层水相转移至新的离心管中，加等体积的氯仿，充分混匀后，12000r/min 离心 10min，以除去饱和酚成分。

（8）小心取出上清液，用两倍体积预冷的无水乙醇或等体积的异丙醇沉淀上清液中的 DNA 成分，12000r/min 离心 15min，离心后弃上清液。

（9）沉淀用 500μL 70% 的乙醇洗涤两次。

（10）真空干燥后，用 50μL TE 或超纯水溶解 DNA，−20℃ 冰箱放置备用。

（11）核酸的纯度测定与琼脂糖凝胶电泳参照项目一中的实验二。

实验二　细菌 16S rDNA 序列的 PCR 扩增

［实验目的］

掌握细菌 16S 核糖体 DNA（rDNA）序列的克隆方法。

［实验材料］

可疑细菌菌株基因组。

［实验试剂］

（1）DL2000 DNA 标准物。

（2）PCR 试剂盒。

（3）引物 1 为 F8：AGAGTTTGATCCTGGCTCAG。

引物 2 为 R1492：ACGGCTACCTTGTTACGACTT。

［实验器材］

微量移液器、电子天平、PCR 仪、枪头、1.5mL 离心管。

［实验步骤］

以提取的基因组 DNA 作为反应模板，利用合成的引物对编码 rDNA-ITS 基因序列进行 PCR 反应扩增。选取通用引物 F8 和 R1492 进行 PCR 扩增。

在 PCR 管中按表 1-4 加入以下成分。

表 1-4 PCR 体系

名称	$V/\mu L$
ddH$_2$O	19
2×*Taq* DNA 聚合酶 PCR 反应混合液	25
细菌基因组	2
上游引物 F8	2
下游引物 R1492	2

以上试剂加好后，离心 5s 混匀，在混合物上覆盖 20μL 石蜡油，可防止 PCR 过程样品中水分的蒸发。反应参数：

94℃	5min
94℃	30s ⎫
45℃	30s ⎬ 30 个循环
72℃	60s ⎭
72℃	10min

当所有的反应都完成以后，设置 PCR 仪的温度保持在 4℃。

反应完毕后各取 5μL 用 1％琼脂糖凝胶电泳检测，基因长度约为 1400bp。加样 DL2000 DNA Marker（TaKaRa 公司）作为电泳 Mark。电泳完毕，在凝胶成像系统观察结果并拍照（琼脂糖凝胶电泳参照项目一）。

实验三 16S rDNA-ITS 基因片段的纯化

[实验目的]

学习 DNA 片段纯化的原理与技术。

[实验材料]

PCR 扩增片段。

[实验试剂]

（1）DL2000 DNA 标准物。

（2）PCR 产物纯化试剂盒 Universal DNA 纯化回收试剂盒（实验步骤参照试剂盒说明书）。

[实验器材]

微量移液器、电子天平、枪头、1.5mL 离心管。

[实验步骤]

（1）向吸附柱（吸附柱放入收集管中）CB2 中加入 $500\mu L$ 平衡液 BL，12000r/min（约 $13400g$）离心 1min，倒掉收集管中的废液，将吸附柱重新放回收集管中（应使用当天处理过的柱子）。

（2）将单一的目的 DNA 条带从琼脂糖凝胶中切下（尽量切除多余部分）放入干净的离心管中，称取质量。

（3）向胶块中加入等倍体积溶液 PC（如果凝胶质量为 0.1g，其体积可视为 $100\mu L$，则加入 $100\mu L$ PC 溶液），50℃水浴 10min 左右，其间不断温和地上下翻转离心管，以确保胶块充分溶解（若胶块体积较大，可事先将胶块切碎）。

注意：对于回收＜150bp 的小片段可将溶液 PC 的体积增加到 3 倍以提高回收率；因为吸附柱在室温时结合 DNA 的能力较强，胶块完全溶解后最好将溶液温度降至室温再上柱。凝胶完全溶解后若溶液的颜色呈黄色，即可进行后续操作；凝胶完全溶解后若溶液的颜色呈橘红色或紫色，应使用 $10\mu L$ 3mol/L 乙酸钠（pH5.0）将溶液的颜色调为黄色后再进行后续操作（溶液 PC 中含有 pH 指示剂，当 pH≤7.5 时溶液的颜色为黄色，此时 DNA 才能有效地与膜结合，当 pH 值偏高时溶液的颜色为橘红色或紫色，需要进行调整）。

（4）将上一步所得溶液加入一个吸附柱 CB2 中（吸附柱放入收集管中），12000r/min（约 $13400g$）离心 1min，倒掉收集管中的废液，将吸附柱 CB2 放入收集管中。

（5）向吸附柱 CB2 中加入 $600\mu L$ 漂洗液 PW（使用前请先检查是否已经加入无水乙醇），12000r/min（约 $13400g$）离心 1min，倒掉收集管中的废液，将吸附柱 CB2 放入收集管中。

注意：如果回收的 DNA 是用于盐敏感的实验，例如平末端连接实验或直接测序，建议加入 PW 后静置 2～5min 再进行离心操作。

（6）重复操作步骤 5。

（7）将吸附柱 CB2 放入收集管中，12000r/min（约 $13400g$）离心 2min，尽量除去漂洗液。将吸附柱在室温放置数分钟，彻底晾干。

注意：漂洗液中乙醇的残留会影响后续的酶促反应（酶切、PCR 等）实验。

（8）将吸附柱 CB2 放入一个干净离心管，向吸附膜中间位置滴加适量的洗脱缓冲液 EB（如果回收的目的片段＞4kb，则洗脱缓冲液 EB 应置于 65～70℃水浴预热），室温放置 2min。12000r/min（约 $13400g$）离心 2min，收集 DNA 溶液。

注意：洗脱液的体积不应小于 $30\mu L$，体积过小会影响回收的效率。洗脱液的 pH 对于洗脱效率有较大的影响。若后续做测序，需要使用 ddH_2O 做洗脱液，并保证其 pH 值在 7.0～8.5 范围内，pH 值低于 7.0 会降低洗脱效率，DNA 产物应保存在－20℃，以防止 DNA 降解。为了提高 DNA 的回收量，可将离心得到的溶液重新加入离心吸附柱中，室温放置 2min，12000r/min（约 $13400g$）离心 2min，将 DNA 溶液收集到离心管中。

实验四　16S rDNA 重组载体的构建与转化

[实验目的]

学习 T-A 克隆技术。

[实验材料]

纯化 PCR 扩增片段。

[实验试剂]

（1）pUCm-T 载体试剂盒。

（2）DH5α 感受态细胞。

（3）连接酶。

（4）X-gal、氨苄西林（Amp）、IPTG、LB 培养基、SOB 培养基。

[实验器材]

微量移液器、电子天平、恒温水浴锅、制冰机、生化培养箱、枪头、200μL 离心管。

[实验步骤]

（1）pUCm-T 载体重组子构建

取 0.2mL PCR 管，管中依次加入 2μL 已纯化的 16S rDNA、2μL pUCm-T 载体、4μL 连接酶缓冲液以及 2μL 连接酶。16S rDNA 的质量应满足 200～400ng。加好后轻轻混合，16℃放置过夜，反应结束后，将离心管放置于冰上。

（2）转化

① 将上述酶连产物加入 100μL DH5α 感受态细胞中（在感受态细胞刚刚解冻时加入连接产物），轻弹混匀，冰浴 20～30min。

② 42℃热激 30s，立即放置于冰上 2min。

③ 加 400μL 室温下的 SOB 培养基，200r/min 在摇床上 37℃孵育 1h。

④ 取 8μL 500mmol/L IPTG 与 40μL 40mg/mL X-gal 混合，均匀地涂在准备好的 Amp/LB 固体培养基平板上，在 37℃放置 30min。

⑤ 待 IPTG、X-gal 被吸收后，取 200μL 步骤③中经孵育后的菌液铺板，培养过夜。

⑥ 第二天取出平板放入 4℃冰箱 1h，以使平板蓝白斑显色更明显。

⑦ 观察出现的蓝白斑。

实验五　阳性克隆的筛选

[实验目的]

学习阳性克隆菌的筛选原理。

[实验材料]

Amp/LB 固体培养基。

[实验试剂]

（1）M13F 引物、M13R 引物。
（2）PCR 试剂盒。
（3）DL2000 DNA 标准物。
（4）琼脂糖。

[实验器材]

微量移液器、0.2mL PCR 管、移液枪头、PCR 仪、电泳仪、凝胶成像系统、水平电泳槽、超净工作台、恒温水浴锅等。

[实验步骤]

（1）取 0.2mL 的 PCR 管，按表 1-5 依次加入以下试剂。

表 1-5　PCR 反应体系成分组成

名称	体积/μL
M13F	0.5
M13R	0.5
dNTP	2
DNA 聚合酶	1
10×PCR 缓冲液（含 Mg^{2+}）	5
白斑菌液	1
ddH$_2$O	40

（2）PCR 反应程序如下。

$$
\begin{array}{lll}
94℃ & 10\text{min} & \\
94℃ & 30\text{s} & \left.\begin{array}{l}\\ \\ \\\end{array}\right\}\ 30\ \text{个循环} \\
55℃ & 30\text{s} & \\
72℃ & 60\text{s} & \\
72℃ & 10\text{min} &
\end{array}
$$

当所有的反应都完成以后，设置 PCR 仪的温度保持在 4℃。

（3）PCR 结束后，将 PCR 产物进行琼脂糖凝胶电泳，凝胶成像系统下，显示有 1600bp 左右的条带对应的克隆为阳性克隆。

实验六　系统发育树构建

[实验目的]

学习系统发育树的构建方法。

[实验材料]

筛选出的阳性克隆测序所得 DNA 序列信息。

[实验器材]

生物信息学软件 ClastalX、MEGA4 以及美国国家生物技术信息中心（NCBI）数据库。

[实验步骤]

（1）打开 NCBI 数据库网站，页面如图 1-3 所示：

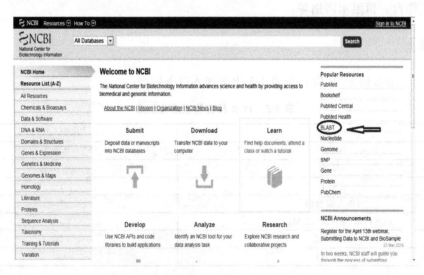

图 1-3　美国国家生物技术信息中心主页

点击如图 1-3 所示的局部序列比对基本检索工具（BLAST）（BLAST 是目前常用的数据库搜索程序，它是 Basic Local Alignment Search Tool 的缩写）后显示图 1-4 界面。

点击图 1-4 所示的核酸比对键："Nucleotide BLAST"键，显示图 1-5 界面。

在图 1-5 的箭头所指区域内输入生物技术公司所提供的 DNA 序列信息。设置该页面下的各种条件，主要条件有：数据库（database）、生物体（organism）、算法参数（algorithm

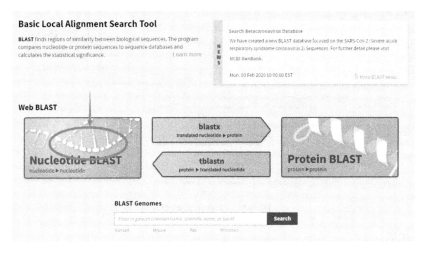

图 1-4　核酸比对工具选取

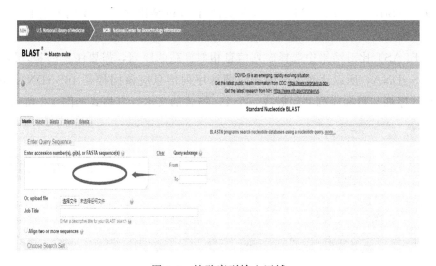

图 1-5　核酸序列输入区域

parameters）等。条件设置好后点击图 1-6 的"BLAST"键，即可对数据库的核酸信息进行比对，以找到与所提供的序列信息相似的序列。

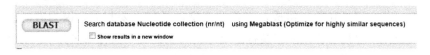

图 1-6　核酸比对启动区域

比对结果中越相似的序列总体分值越高，排位越靠前如图 1-7 所示。点击其中一项序列做简要说明。

分值（Score）：指的是提交的序列和搜索出的序列之间的分值，越高说明越相似。

期望值（Expect）：比对的期望值。比对越好，期望值越小，一般在核酸层次的比对，期望值小于 10^{-10}，就比对很好了，多数情况下为 0。

相似性（Identities）：提交的序列和参比序列的相似性，如上所指为 1497 个核苷酸中二

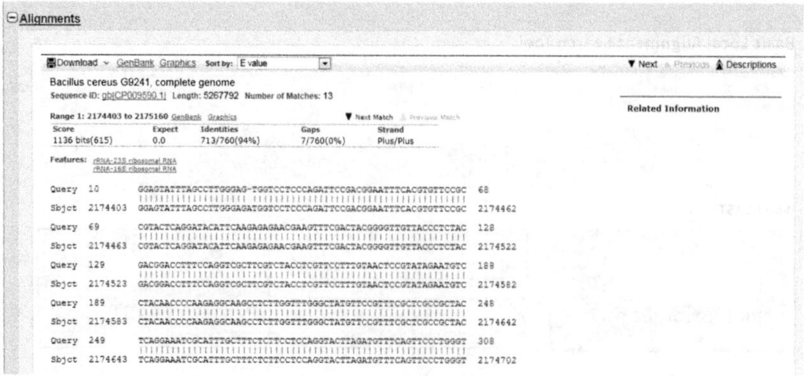

图 1-7　核酸比对结果

者有 1382 个相同。

空位（Gaps）：是指对不上的碱基数目。

链的方向（Strand）：Plus/Minus 指提交的序列和参比序列是反向互补的，Plus/Plus 指二者皆为正向。

（2）从 BLAST 比对结果中选择序列信息相似度高的序列，需要注意的是，因为目的基因片段是 16S rDNA，所以比对出来的相应菌株序列信息应该同样是 16S rDNA 序列信息。将选择出来的序列与目标序列共同做成一个 txt 格式的文本，其格式如图 1-8 所示。

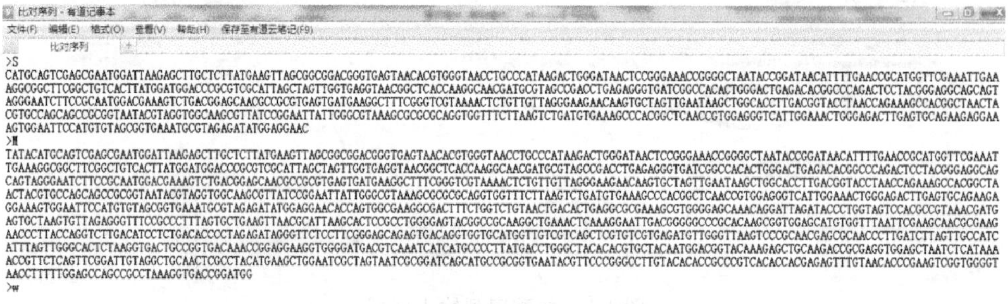

图 1-8　选取的核酸序列

其中的 "＞" 为 ClustalX 默认的序列输入格式，必不可少。其后可以是种属名称，也可以是序列在 Genbank 中的登录号（Accession No.），自编号也可以，不过需要注意名字不能太长，一般由英文字母和数字组成，字首几个字母最好不要相同，因为有时 ClustalX 程序只默认前几位为该序列名称。回车换行后是序列。将此文本文件命名为 jc.txt 保存。

（3）打开 ClustalX 软件，载入步骤（2）中所保存的文本文件。

File-Load sequences-jc.txt.

序列比对：

Alignment-Output format options-√ Clustal format；CLUSTALW sequence numbers：ON

Alignment-Do complete alignment

(Output Guide Tree file，C：＼temp＼jc.dnd；Output Alignment file，C：＼temp＼jc.aln;)

Align→waiting……

等待时间与序列长度、数量以及计算机配置有关。

File-Save Sequence as···

Format：⊙ CLUSTAL

GDE output case：Lower

CLUSTALW sequence numbers：ON

Save from residue：39 to 1504（以前后最短序列为准）

Save sequence as：C：\ temp \ jc-a. aln

OK

将开始和末尾处长短不同的序列剪切整齐。这里，因为测序引物不尽相同，所以比对后序列参差不齐。一般来说，要"掐头去尾"，以避免因序列前后参差不齐而增加序列间的差异。剪切后的文件存为 aln 格式。

（4）打开 MEGA4 软件，如图 1-9 所示。

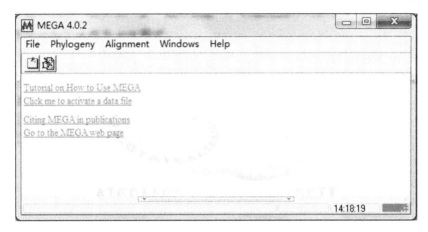

图 1-9　MEGA4 软件打开界面

MEGA2 只能打开 meg 格式的文件，但是它可以把其他格式的多序列比对文件转换过来，我们在这里用 aln 格式（Clustal 的输出文件）转换 meg 文件。点击 File：Convert to MEGA Format···打开转换文件对话框。如图 1-10 所示。

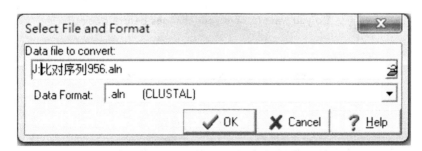

图 1-10　文件格式转换

选择文件和转换文件对话框，选择 aln 文件，点击 OK。

将转换好的 meg 文件，点存盘保存 meg 文件，meg 文件会和 aln 文件保存在同一个目录如图 1-11 所示。

若是 956. meg 文件格式窗口下出现下述情况：请将图 1-11 箭头所指圈中内容删掉。

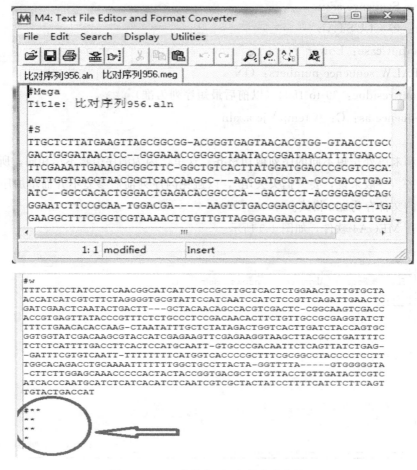

图 1-11　meg 文件和 aln 文件生成的界面

关闭格式转换窗口将出现图 1-12。

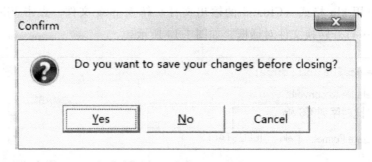

图 1-12　转换文件保存

点击"Yes"保存该文件。将回到主窗口，点面板上的"Click me to activate a data file"打开刚才的 meg 文件，界面显示如图 1-13 所示。

点击"No"，然后回到主界面，点击下图 1-14 中的"Phylogeny"-"Bootstrap Test of phylogeny"-"-Neighbor-Joining"建进化树方法。

出现图 1-15 界面时，对建树条件进行设置，各参数设置参考图 1-15。

点击"Compute"开始计算，得到结果。

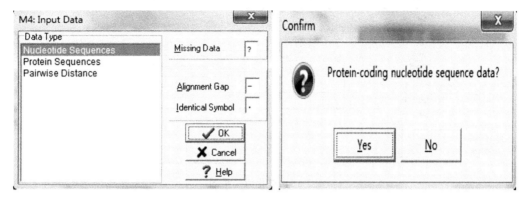

图 1-13　打开转换生成的 meg 文件

图 1-14　进化树构建主界面

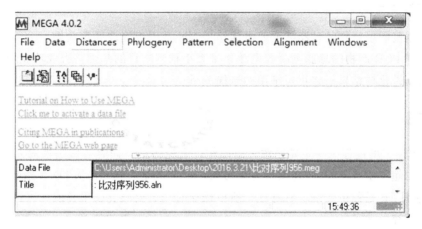

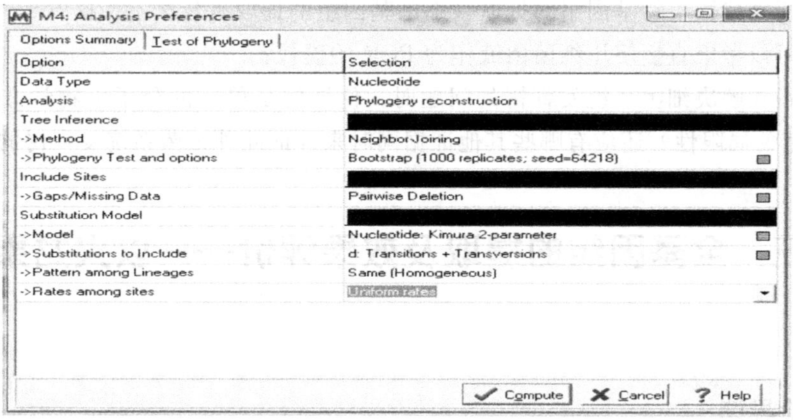

图 1-15　进化树参数设置

（5）最终结果如图 1-16 所示：

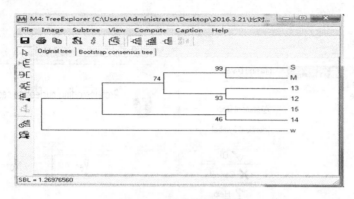

图 1-16　进化树结果图

点击"Image-Copy to Clipboard"-粘贴至 Word 文档进行编辑。

[实验结果提示]

（1）根据基因组产物的琼脂糖凝胶电泳结果判断基因组提取纯化效果。
（2）根据 PCR 产物的琼脂糖凝胶电泳条带大小预判断目的基因是否成功克隆。
（3）根据进化树结果报告可疑细菌的亲缘关系。

[注意事项]

1. 在 PCR 扩增过程中一定要注意无菌操作，避免污染，同时要做阴性对照。加阴性对照主要是检测超纯水或其他 PCR 试剂有无污染，正常情况下应无任何 DNA 条带扩增出。

2. 染色剂 EB 是强诱变剂，有毒性，所以操作时一定要戴乳胶手套或一次性手套，使用后不可随意丢弃。

[思考题]

1. 相比于真核微生物基因组的提取，细菌基因组的提取有什么不一样？
2. 是否可以考虑直接使用细菌菌液作为 PCR 的模板？
3. 该项目在解决细菌系统发育树的问题时，使用的是单一的分子生物学方法，方案设计是否有一定的局限性？还应有哪些其他证据同时来佐证此种细菌系统发育树的正确性？

项目三　全基因组的提取及效果评价——以火龙果为例

实验导读

火龙果属仙人掌科（Cactaceae）植物，是典型的热带水果，按果皮果肉颜色可分为红皮白肉火龙果（*Hylocereus undatus* Britt. & Rose）、红皮红肉火龙果［*Hylocereus polyrhizus* (Weber) Britt. & Rose］、红皮紫肉火龙果［*Hylocereus* costaricensis（Weber）Britt. & Rose］和黄皮白肉火龙果［*Selenicereus megalanthus*（Schum.）Britt. & Rose］4 类，目前国内商业栽培以红皮白肉火龙果及红皮红肉火龙果为主。火龙果具有生长快，适应性强等特点，其花与果实均有药用和食用的功能，在我国热带地区及东部沿海地区都有种植，但各地区种植的品种不一。面对火龙果种质资源的多样性，考虑到开发火龙果经济价值的最大化，选择合适特定区域的品种显得十分重要。为摸清特定火龙果种植区域的种质分布情况，可对火龙果从分子层面上采用间隔简单序列重复（inter-simple sequence repeat，ISSR）分析方法进行遗传多样性分析。此种遗传多样性分析需提供高质量的植物基因组，需要阅读相关参考文献设计实验提取高质量火龙果全基因组并对所提取的基因组质量进行一定程度的评价。

 基本原理

DNA 提取是分子生物学研究的基础技术。高质量的 DNA 是进行后续分子操作，如 PCR 扩增、分子杂交、限制性酶切、基因克隆、遗传多态性分析等研究的必要条件。植物的总 DNA 提取相对困难，其原因是植物有较坚韧的细胞壁，且含有较多的多糖、脂类、多酚等次生代谢物，这些都有可能会干扰 DNA 的提取。不同植物的次生代谢物含量和种类差异较大，同种植物不同组织和器官的次生代谢物的含量和种类也不同，要从富含多酚和多糖的植物组织中分离得到高质量的基因组 DNA 相对困难。

经典的植物基因组提取方法为 CTAB 法，该法利用表面活性物质裂解样品细胞释放基因组，在经过一系列抽提、分离后，可以得到纯度高、完整性好的基因组。以往火龙果基因组提取研究表明，一般取新梢上 3～5cm 的火龙果嫩茎作材料，选用幼嫩的茎尖作提取材料可以大大提高 DNA 的得率。但火龙果嫩茎材料呈黏稠状，离心分层效果差。此外，火龙果材料对有机试剂反应不大，但与醋酸钾（KAc）和异丙醇可产生一定的反应。因此，可采用饱和酚和氯仿使蛋白质变性而从液相游离出来，用醋酸钾（KAc）和异丙醇使 DNA 析出，通过适当延长有机溶剂的抽提时间和增加抽提次数，克服提取过程中黏液物质的干扰，可以提高 DNA 抽提的得率和纯度。

SSR 也称微卫星 DNA（microsatellite DNA）、短串联重复（tendom-repeats）或简单序列长度多态性（simple sequence length polymorphism），它通常是指以 2～5 个核苷酸为单位多次串联重复的 DNA 序列，也有少数以 1～6 个核苷酸为串联重复单位。串联重复次数一般为 10～50 次，如 $(A)_n$、$(TC)_n$、$(TAT)_n$、$(GATA)_n$、$(GA)_n$、$(AC)_n$ 以及 $(GAA)_n$ 等。同一类微卫星 DNA 可分布在基因组的不同位置上，长度一般在 100bp 以下，由于重复次数不同，从而产生了多态性。由于 SSR 两端的序列一般是相对保守的单拷贝序列，通过这段序列可以设计一段互补寡聚核苷酸引物，对 SSR 进行 PCR 扩增，SSR 多态性多由简单序列重复次数的多少引起的差异，通常表现为共显性。采用随机引物可对使用各种实验方法所提取出的植物基因组进行 PCR 扩增，然后根据电泳结果简单地评价基因组质量。

[课前预习]

(1) ISSR PCR 扩增反应的原理。
(2) 植物基因组提取的注意事项。

[目的要求]

(1) 学习植物基因组的提取方法。
(2) 学习植物基因组提取时材料的选择方法。

[设计思路]

实验室准备了火龙果的各种样品：火龙果果实、火龙果嫩茎、火龙果根、火龙果花粉等，各小组分别选择各种样品按下列设计思路进行本实验项目。

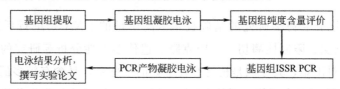

实验一　火龙果基因组的提取

[实验目的]

学习植物基因组的提取方法与原理。

[实验材料]

各种火龙果组织材料。

[实验试剂]

(1) 2%十六烷基三甲基溴化铵（CTAB）裂解液（200mL 体系）：CTAB 4g、NaCl 16.364g、1mol/L Tris-HCl（pH8.0）、0.5mol/L EDTA-Na$_2$，定容后灭菌，使用前加入 β-巯基乙醇（0.2%～1%）；

(2) Tris 饱和酚（pH8.5）、氯仿；

(3) 乙酸钾溶液 KAc（3mol/L，pH5.5）100mL：称取 18.015g 冰乙酸溶解于约 70mL 蒸馏水中，将 14.24g 氢氧化钾固体缓慢加入溶液中，最后加水定容至 100mL；

(4) 异丙醇、70%乙醇、异戊醇；

(5) 液氮、聚乙烯吡咯烷酮（PVP）；

(6) 乙酸钠（NaAc 3mol/L，pH5.2）100mL：称取 18.015g 冰乙酸溶解于约 70mL 蒸

馏水中，将 8.803g 氢氧化钠固体缓慢加入溶液中，最后加水定容至 100mL；

（7）氢氧化钠（NaOH）（0.5mol/L）；

（8）1×TE 缓冲液（Tris-HCl 10mmol/L、EDTA-Na$_2$ 1mmol/L pH8.0 灭菌）。

[实验器材]

微量移液器、电子天平、微型振荡器、低温冷冻高速离心机、枪头、1.5mL 离心管、研钵、研杆。

[实验步骤]

基因组提取方法一

（1）取 5～8g 火龙果幼嫩茎尖（用清水清洗干净，晾干），于液氮中迅速研磨成粉末，然后快速转移至 1.5mL 离心管中。

（2）加入 600μL 65℃预热的细胞裂解液（CTAB），于 65℃水浴中保温 1h，其间每隔 5～10min 轻摇一次。

（3）加 1 倍体积的 4℃饱和酚和常温下的氯仿（1∶1），轻摇 10min，12000r/min 离心 20min。

（4）吸取上清液于 1.5mL 离心管中，加 0.1 倍体积 4℃预冷的 KAc 溶液，加 1 倍体积 −20℃预冷的异丙醇，轻轻摇匀，于−20℃的冰柜中静置 20min 使 DNA 充分析出。

（5）12000r/min 离心 20min，弃上清液，沉淀用 70％乙醇洗涤。

（6）12000r/min 离心 10min，弃上清液，沉淀在超净工作台风干乙醇溶液，加入适量 TE 缓冲液充分溶解 DNA。

（7）重复（3）～（6）的操作 1 次。

注意：若是 70％乙醇洗涤后得到的沉淀量不多，建议不重复（3）～（6）的操作，以免提取含量不佳。

基因组提取方法二

（1）取 0.05g 火龙果嫩茎粉末与 1.5mL 离心管中，加入 500μL 0.5mol/L NaOH 溶液，用枪头小心搅拌使其充分混匀，沸水浴加热 1min。

（2）加入 3mol/L NaAc（pH5.2）333μL 中和，颠倒混匀，12000r/min 离心 10min，取上清液转移到新的 1.5mL 离心管中。

（3）加入等体积的异丙醇（−20℃预冷过），混匀，12000r/min 离心 10min，弃上清液。

（4）沉淀加 70％乙醇洗涤，离心后，弃上清液，晾干沉淀，加适量水或 TE 缓冲液溶解，4℃保存备用。

基因组提取方法三

（1）称取某种火龙果组织（如嫩茎）0.1g，研钵中用液氮研磨成细粉，装入 1.5mL 灭菌的离心管中（分两管）并加入 0.1g 聚乙烯吡咯烷酮（PVP）。

（2）迅速加入 70℃预热的 CTAB 提取缓冲液 $600\mu L$，并加入 $10\mu L$ β-巯基乙醇，混匀，在振荡器上振荡 20s。

（3）加入等体积的氯仿-异戊醇抽提（65℃水浴 45min），将其上下颠倒混匀，并轻轻振荡，常温 10000g 离心 5min，取上清液。

（4）将上清液转入到洁净的灭菌离心管中，加入等体积的 −20℃预冷的异丙醇，轻轻摇动，使其充分混匀，于 −20℃下放置 5min。

（5）4℃下 12000r/min 离心 20min，弃上清液，可见絮状沉淀，即为 DNA 沉淀。

（6）用 75%乙醇洗沉淀 2 遍，吹干，加入 $100\mu L$ TE 缓冲液溶解，放置在 −20℃冰箱中保存。

DNA 含量的测定

取 $1\mu L$ 提取纯化得到的 DNA 溶液，用微量紫外分光光度计测定波长 260nm 下的吸收值，根据 OD_{260} 的值，计算 DNA 浓度（$\mu g/mL$）＝OD_{260}×50×稀释倍数/1000。

DNA 纯度的测定

取 $1\mu L$ 提取纯化得到的 DNA 溶液，用微量紫外分光光度计测定波长 260nm、280nm 的光吸收值。计算 OD_{260}/OD_{280} 比值，根据 OD_{260}/OD_{280} 比值判断 DNA 纯度，当 $1.8 \leqslant OD_{260}/OD_{280} < 2.0$ 时，表明 DNA 纯度很好；当 $OD_{260}/OD_{280} < 1.8$ 时，表明蛋白质含量过高；当 $OD_{260}/OD_{280} > 2.0$ 时，表明 RNA 含量过高。

实验二　火龙果基因组的 ISSR PCR 扩增

[实验目的]

学习 ISSR 技术的原理。

[实验材料]

火龙果组织基因组。

[实验试剂]

（1）2×Taq DNA 聚合酶 PCR 反应试剂，DNA Marker 等；

（2）随机引物如表 1-6 所示。

表 1-6　PCR 引物一览

引物名称	序列(5′→3′)	碱基数/bp
1	(AC)8T	17
2	(AG)8T	17
3	(AG)8C	17
4	(GA)8T	17

引物名称	序列(5′→3′)	碱基数/bp
5	(GA)8C	17
6	(CA)8A	17

[实验器材]

微量移液器、PCR 仪、低温冷冻高速离心机、枪头、1.5mL 离心管。

[实验步骤]

(1) PCR 单引物反应体系（表 1-7）。

表 1-7　PCR 反应体系

名称	$V/\mu L$
ddH₂O	10.5
2×*Taq* DNA 聚合酶 PCR 反应混合液	12.5
火龙果基因组	1
随机引物(GA)8C	1

(2) PCR 反应程序。以上试剂加好后，离心 5s 混匀，加 20μL 石蜡油覆盖于混合物上，防止 PCR 过程样品中水分的蒸发。反应参数：

$$
\begin{array}{ll}
94℃ & 5min \\
94℃ & 1min \\
56℃ & 1min \\
72℃ & 1min \\
72℃ & 10min
\end{array}
$$

$\left.\begin{array}{l}94℃\quad1min\\56℃\quad1min\\72℃\quad1min\end{array}\right\}$ 30 个循环

当所有的反应都完成以后，设置 PCR 仪的温度保持在 4℃。

(3) 琼脂糖凝胶电泳方法参照项目一真核生物的分子鉴定。

[注意事项]

1. 使用液氮研磨植物组织样品时，注意防止冻伤，并掌握研磨过程的节奏。

2. β-巯基乙醇为剧毒试剂，且气味难闻，应在通风橱中取用，取完后，应及时盖住试剂瓶盖。

3. PCR 过程中注意设置空白对照。

[思考题]

1. 取火龙果的哪部分组织适合作为提取基因组的样品？

2. 什么是 SSR 分子标记技术？什么是 ISSR 分子标记技术？

3. 举例说明 ISSR 分子标记技术在实际生产中的应用。

4. 除了此种分子指纹图谱方法应用于植物分类学，还有哪些其他的指纹图谱的应用，其具体的实验设计思路是什么样的？

项目四　植物转基因成分的检测

实验导读

党的二十大报告提出："提高公共安全治理水平。坚持安全第一、预防为主，建立大安全大应急框架，完善公共安全体系，推动公共安全治理模式向事前预防转型。推进安全生产风险专项整治，加强重点行业、重点领域安全监管。提高防灾减灾救灾和重大突发公共事件处置保障能力，加强国家区域应急力量建设。强化食品药品安全监管，健全生物安全监管预警防控体系。加强个人信息保护。"食品药品安全监管是公共安全治理的一部分，以基因工程技术发展带来的转基因植物的发展为例，考虑到食品安全，针对转基因食品的检测，国家颁布了国家检测标准。在转基因食品检测中，PCR 技术具有快速、灵敏和准确的优点，从而得到了迅猛的发展。

近几年转基因作物种植面积逐年大幅度增加，随之产生的转基因食品更是琳琅满目。然而在转基因食品安全性尚无定论的条件下，转基因食品的检测显得十分重要。对于转基因食品的销售，要求标明是否为转基因食品，以尊重消费者的知情权和选择权。针对转基因食品的检测，国家颁布了各种作物和基因种类的国家检测标准。在转基因食品检测中，PCR 技术具有快速、灵敏和准确的优点，从而得到了迅猛的发展。

基本原理

（1）转基因生物概述

转基因生物（genetically modified organism，GMO）又称为遗传修饰生物，一般指用遗传工程方法将一种生物的基因转入到另一种生物体内，从而使其获得它本身所不具有的新特性，这种获得外源基因的生物称为转基因生物。转基因食品，虽然没有统一的定义，但可以理解为含有转基因生物成分或者利用转基因生物如转基因植物、转基因动物或转基因微生物加工的食品。转基因技术的快速发展一方面展示了先进科学技术对生产力的巨大促进作用，另一方面也引发了人们对转基因作物对人体健康和生态环境影响的争论。为满足广大消费者的选择权和知情权，同时由于国际贸易的需要，转基因食品的检测越来越引起各国政府和有关食品监督机构的重视。

（2）转基因食品检测技术

食品中用于证明外源基因存在的生物大分子主要是：蛋白质和 DNA。因此对转基因食品的检测方法也主要有两大类方法：①以免疫反应为基础的酶联免疫法（ELISA）和试纸条法。因为抗原抗体反应特异性很高，所以这两项检测技术具有很高的专一性，并且被证明对于未加工转基因产品的检测是有效的，但检测性能常受到基因表达水平的影响，而表达水平又会受制于植物的生理状态和组织的差异。另外转基因食品在加工过程中蛋白质很容易失活变性。因此这些因素对以蛋白质为基础的检测方法的可靠性和重现性产生很大的影响与制约。②以核酸为基础的 PCR 技术。一般检测启动子（如花椰菜花叶病毒的 35S 启动子）与终止子（如农杆菌的 nos3′终止子），报告基因（主要是一些抗生素抗性基因如卡那霉素抗性基因、新霉素抗性基因）和目的基因（抗虫基因、抗除草剂基因、抗病基因和抗逆基因等）。与蛋白质水平的检测技术相比，PCR 具有检测范围广，灵敏度高，自动化程度高等优点，因而 PCR 技术在转基因食品检测中得到了快速发展和广泛应用。

非特异性靶序列检测转基因食品方法：非特异性靶序列是指已被批准商业化生产转基因食品的 DNA 序列元件，通常在所有转基因食品中都可以检测到。如来自花椰菜花叶病毒的 35S 启动子和农杆菌的 nos3′终止子（表 1-8）。虽然非特异性靶序列的检测方法可以检测大部分转基因食品，但对于那些不含共同靶序列的个别转基因食品就不能给出明确的鉴定。另外，在自然界中通过基因漂移现象，如果非转基因植物获得了靶序列，那么将出现假阳性现象。例如花椰菜花叶病毒的转染使自然条件下的花椰菜花也具有了 35S 启动子。尽管这种方法存在缺点，但它对于检测不了解背景的转基因作物是一种有效的筛选方法。

表 1-8 检测 35S 启动子和 nos3′终止子的转基因作物

靶序列	种类
35S	176 号玉米、Btl1 玉米、MON802 玉米、MON810 玉米、T25 玉米、FlavSvr 番茄™、NEMA282F 番茄、Roundup Ready 大豆™、B33-inv 马铃薯
nos3′	Btl1 玉米、GA21 玉米、MON802 玉米、FlavSvr 番茄™、NEMA282F 番茄、Roundup Ready 大豆™

特异性靶序列检测方法：两个相连基因连接处的序列称为连接片段。虽然连接片段的结构序列是复杂的（如图 1-17 所示），但对于一个外源基因是专一的而且是转基因食品特异性检测较理想的靶序列。连接片段通常是启动子与结构基因或终止子与结构基因结合处的序列。

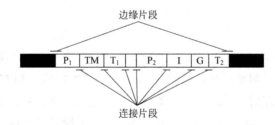

图 1-17 外源基因与插入基因组的边缘片段和连接片段示意

空白段—没有功能的 DNA 序列；P₁、P₂—启动子；T₁、T₂—终止子；

TM—报告基因；G—目的基因；I—内含子

当一个外源基因能引起几种不同插入情况时，特异性检测该基因产品最好的方法就是扩增它的边缘片段。边缘片段是外源基因的插入位点处基因组序列的结合部分，因此边缘片段对于被检测的转基因产品具有很好的特异性。

（3）转基因作物基因组提取技术

植物转基因食品的核酸 PCR 检测技术的成功实施还需依赖高质量的植物基因组提取纯化样品。DNA 的总量和纯度将决定扩增效率。对于转基因加工食品的检测，在加工过程中可能出现核酸损伤、DNA 提取过程中一些因素（pH 和温度、核酸酶等）的变化，这都可能抑制 PCR 反应。另外，植物多糖成分、单宁、多酚和萜类化合物都将会影响 PCR 反应。

SDS 提取植物基因组：该方法是经典的提取基因组的方法。SDS 是一种去垢剂，通过破坏蛋白质的次级键，比如氢键、离子键和疏水键，引起天然构象解体，从而释放基因组。其关键步骤：取植物组织放入液氮中，研磨成粉状，加入 SDS 提取液，充分混匀，放入 65℃ 水浴保温 30min，其间不时摇动，加入适量醋酸钾，保温过后迅速放置于冰上，加入适量氯仿：异戊醇（24:1）混合液，充分混匀，12000r/min 离心 10min，转移上清液至另一新离心管中，然后在上清液中加入等体积的－20℃ 预冷过的异丙醇，颠倒混匀，并将此混合液在－20℃ 冰箱静置 30min，拿出后于 4℃ 12000r/min 离心 10min，所得沉淀用 70% 乙醇洗涤 2 次，干燥后将沉淀溶解于 TE 缓冲液中，于 4℃ 冰箱中保存待用。该方法所用试剂较少，但不能有效去除多糖和多酚类物质，所以提取 DNA 纯度较低，不利于 PCR 的检测反应。

CTAB 提取植物基因组：CTAB（十六烷基三甲基溴化铵）能与蛋白质和大多数酸性多聚糖形成复合物，从而释放核酸。该法是在植物基因组提取中应用最多的方法。植物组织中富含多糖与多酚类物质，提取时常常会产生难溶于 TE 的黄褐色沉淀。近年来通过实验发现，在 CTAB 抽提液中加入 PVP 和 β-巯基乙醇，有利于防止多酚类以及单宁等物质氧化成醌类。改良后的方法有效地去除了糖类和多酚物质，并在分步离心中去除了污染物质。目前大多数植物 DNA 提取所用的 CTAB 法都根据这一原则，从不同程度上对其步骤略做改动。

磁珠提取法：将磁珠与结合缓冲液和 PVA（聚乙烯醇）加入细胞裂解液中，使核酸与磁珠结合，然后用永久磁铁吸引至容器壁而达到分离的效果，避免了离心以及摇动带来的剪切力破坏核酸，同时能够较好地减少多糖、多酚类物质的污染。另外，通过对磁性硅胶微球表面改性，使其表面分别键合上硅羟基、环氧基、邻二醇基和羧基等官能团，可改变磁珠对核酸的吸附效果。发现具有硅醇基的磁珠可高效率的回收 DNA。

在提取液中加入抗氧化剂和螯合剂可除去酚类物质，防止酚氧化褐变。样品液氮研磨及提取缓冲液中加入高分子螯合剂 PVP（聚乙烯吡咯烷酮）或 PVPP（聚乙烯吡咯酮）等能络合多酚和萜类物质。其加入量视杂质的多少而定（1%～6%），PVP 能有效去除多糖。因此 PVP 和巯基乙醇配合使用调整用量，能够有效地防止多酚污染。植物多糖许多理化性质与 DNA 相似。在提取基因组时，前人对除去多糖的方法进行探索，得到了一些有意义的指导方法，如：Dellaportarta 等认为加入高浓度的 KAc 有利于除去多糖；Fang 等认为在 1.0～2.5mol/L NaCl 高盐 TE 中，用无水乙醇沉淀 DNA 能除去多糖；Sue Porebskib 等在沉淀粗提 DNA 时，将 NaCl 的浓度提高至 2.5mol/L 以除去多糖；徐志祥等将 DNA 沉淀置于 30% 乙醇中 4℃ 放置过夜，离心，上清液中加 80% 乙醇重新沉淀 DNA，能除去多糖和其他杂质等。

[课前预习]

(1) 聚合酶链式反应的原理。

(2) 常见可疑转基因植物的现状。

(3) 植物转基因操作中常用的非特异性 DNA 元件。

(4) 常见转基因作物中的目的基因有哪些？

（5）植物基因工程的研究现状。

［目的要求］

（1）学习大豆转基因成分的国家标准检测方法。

（2）学习植物基因组的提取纯化方法。

（3）学习比较不同植物基因组提取纯化方法的异同。

［设计思路］

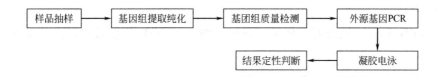

实验一　大豆基因组的提取

［实验材料］

大豆。

［实验试剂］

（1）CTAB 缓冲液：CTAB 20g/L，Tris-HCl 0.1mol/L（pH8.0），EDTA-Na$_2$ 0.02mol/L。

（2）Tris 饱和酚。

（3）三氯甲烷：异戊醇（24：1）混合液。

（4）异丙醇。

（5）70％乙醇。

（6）TE 溶液：10mmol/L Tris，1mmol/L EDTA-Na$_2$，pH8.0。

（7）RNA 酶溶液：5μg/μL。

（8）TAE 缓冲液：4.84g Tris 碱，0.744g EDTA-Na$_2$ 溶解于 800L 水，1.142mL 冰乙酸然后定容至 1L。

（9）DNA 上样缓冲液。

［实验器材］

超净工作台、电子天平、普通离心机、低温冷冻高速离心机、微型离心机、研钵及粉碎装置、低温冰箱、普通冰箱、漩涡振荡器、高压灭菌锅、高温干燥箱、核酸蛋白分析仪、微量移液器、基因扩增仪、实验用水制备装置。

[实验步骤]

（1）抽样

在放置的大豆的顶部、中部和下部随机抽取样品。

（2）制样

称取约 50g 样品，用湿热灭菌（121℃处理 30min）或干热灭菌（180℃处理 2h）的研钵或合适的粉碎装置将样品粉碎至约 0.5mm。

（3）基因组提取

① CTAB 法。

a. 分别称取 100mg 制备好的样品，各加入两支 1.5mL 离心管中，同时设立试剂提取对照。

b. 加入 600μL CTAB 缓冲液，振荡均匀，65℃温浴 30min。

c. 加入 500μL 酚：三氯甲烷：异戊醇（25：24：1）的混合液，振荡均匀，12000r/min 离心 15min。

d. 吸取上清液，放入另一支离心管中，加入 2/3 体积的－20℃预冷的异丙醇，在－20℃置 20min，12000r/min 离心 10min。

e. 弃去上清液，加入 70％乙醇溶液，12000r/min 离心 1min。

f. 弃去上清液，干燥，用 50μL TE 溶液溶解沉淀。

g. 加入 5μL RNA 酶溶液，37℃温浴 30min。

h. 加入 400μL 的 CTAB 溶液，振荡均匀。

i. 加入 250μL 的三氯甲烷：异戊醇（24：1）溶液，振荡均匀，12000r/min 离心 15min。

j. 吸取上清液，放入另一支新管中，加入 200μL 的异丙醇，12000r/min 离心 10min。

k. 弃去上清液，干燥，用 50μL TE 溶液溶解沉淀。

② 商品化试剂盒方法。

根据不同提取原理的商品化基因组提取试剂盒，使用时按操作说明书进行操作。选择商品化试剂盒的原则是所提取的 DNA 质量好且得率高。

（4）所提取 DNA 样品的质量评估

① 样品中提取的 DNA 用核酸蛋白质分析仪测定，分别计算核酸的纯度和浓度，计算公式见下式：

$$DNA_{纯度} = OD_{260}/OD_{280}$$

比值在 1.7～2.0 之间较好，符合 PCR 检测要求。

DNA 浓度根据 $1OD_{260} = 50μg/mL$ 双链 DNA 或 $38μg/mL$ 单链 DNA，估算出浓度。

② 用 1％的凝胶电泳进行检测，根据电泳结果来检测提取的 DNA。

③ 通过定性 PCR 来检测大豆样品的固有内源基因 Lectin，根据检测结果来判断样品中提取的 DNA 是否满足 PCR 检测要求。

实验二 定性 PCR 检测

[实验材料]

提取基因组样品。

[实验试剂]

（1）10×PCR 反应液。

（2）氯化镁（$MgCl_2$）25mmol/L。

（3）dNTP（dATP、dCTP、dGTP、dTTP）溶液：各 2.5mmol/L。

（4）*Taq* DNA 聚合酶：5U/μL。

（5）引物：转基因大豆的内源基因和外源基因检测时所用的引物序列见表 1-9。

表 1-9 转基因大豆的内源基因和外源基因的引物序列

检测基因	引物序列	扩增片段长度/bp	基因性质
Lectin	正：5′-GCC CTC TACT CC ACC CCC ATC C-3′ 反：5′-GCC CAT CTG CAA GCC TTT TTG TG-3′	118	内源基因
	正：5′-TGC CGA AGC AAC CAA ACA TGA TCC T-3′ 反：5′-TGA TGG ATC TGA TAG AAT TGA CGT T-3′	438	
CaMV35S	正：5′-GAT AGT GGG ATT GTG CGT CA-3′ 反：5′-GCT CCT ACA AAT GCC ATC A-3′	195	外源基因
NOS	正：5′-GAA TCC TGT TGC CGG TCT TG-3′ 反：5′-TTA TCC TAG TTT GCG CGC TA-3′	180	外源基因
CP4 EPSPS	正：5′-CTT CTG TGC TGT AGC CAC TGA TGC-3′ 反：5′-CCA CTA TCC TTC GCA AGA CCC TTC C-3′	320	外源基因
	正：5′-CCT TCG CAA GAC CCT TCC TCT ATA-3′ 反：5′-ATC CTG GCG CCC ATG GCC TGC ATG-3′	513	

（6）溴化乙锭（EB）：10mg/mL。

（7）DNA 分子量标记物。

（8）琼脂糖。

（9）TAE 缓冲液：将 4.84g Tris 碱、0.744g EDTA-Na_2 溶解于 800mL 水，加入 1.142mL 冰乙酸，然后定容至 1L。

（10）上样缓冲液。

（11）RRS 标样，非转基因大豆标样。

[实验器材]

超净工作台、电子天平、微型离心机、漩涡振荡器、微量移液器、基因扩增仪、电泳仪、凝胶成像分析系统、实验用水制备装置。

[实验步骤]

（1）反应体系

检测 RRS 中内源和外源基因采用的 PCR 检测反应体系见表 1-10。反应体系中各试剂的量根据反应体系的总体积进行适当调整。每个反应体系设置两个平行管。

表 1-10　PCR 检测反应体系

试剂名称	加入 PCR 反应体系的量
10×PCR 反应液	5μL
氯化镁（MgCl₂）25mmol/L	4μL
UNG 酶（1U/μL）	0.4μL
dNTP 溶液（各 2.5mmol/L）	4μL
正义引物	1μL
反义引物	1μL
Taq DNA 聚合酶（5U/μL）	0.5μL
模板（样品的 DNA）	0.5～3μg
水	补足反应体系，使总体积为 50μL

（2）反应体系对照的设置

进行 PCR 检测时反应体系必须设置阳性对照、阴性对照和空白对照。

阳性对照：用 RRS 标准物提取的 DNA 作为模板。

阴性对照：用非转基因大豆标准物提取的 DNA 作为模板。

空白对照：用配置反应体系的实验用水代替模板。

（3）反应条件设置

RRS 内源基因和外源基因的检测：RRS 内源基因和外源基因的 PCR 检测的参考反应条件见表 1-11。反应条件需根据检测仪器的性能做相应调整。

表 1-11　RRS 中内源基因和外源基因的 PCR 反应条件

被扩增的基因	变性条件	扩增	循环次数	最优延伸条件
Lectin	94℃,5min	94℃,30s 54℃,40s 72℃,60s	40	72℃,7min

续表

被扩增的基因	变性条件	扩增	循环次数	最优延伸条件
CaMV35S NOS	94℃,5min	94℃,30s 54℃,40s 72℃,60s	40	72℃,7min
CP4 EPSPS	94℃,5min	94℃,30s 60℃,40s 72℃,60s	40	72℃,7min

（4）琼脂糖凝胶电泳检测 PCR 产物（参照项目一中的琼脂糖电泳实验）。

［实验结果提示］

根据内源基因 Lectin 扩增情况，来判断所提取的样品 DNA 的质量，必要时进行样品 DNA 的纯化或者重新提取，防止检测中产生假阴性。

样品的内源基因 Lectin 扩增为阳性，样品的外源基因 CaMV35S 和外源基因 NOS 扩增为阳性，其相应的阳性对照、阴性对照和空白对照正确，可根据结果判断被检测样品中含有 CaMV35S 和 NOS 转基因成分。

如果外源基因 CP4 EPSPS 的扩增结果同时也为阳性，其相应的阴性对照均正确，可以判断此样品为 RRS。

样品的内源基因 Lectin 扩增为阳性，样品的外源基因 CaMV35S、NOS 或 CP4 EPSPS 中仅有一个为阳性，判断被检测样品的检测结果可疑，应按照 SN/T1204 中的规定方法进行确证实验。

［思考题］

1. 植物基因组提取的方法有哪些？其原理是什么？
2. 植物转基因技术有哪些内容？
3. 转基因植物中常见的外源基因有哪些？
4. 请查询并了解其他转基因植物的国家标准测定方法与原理。
5. PCR 法检测作物转基因成分时，设置检测植物内源基因的作用是什么？

项目五　真核生物 RNA 的提取及分析——以脊尾白虾为例

实验导读

真核生物的 RNA 主要分为三类：mRNA、tRNA 和 rRNA。其中含有 80%～85%的核糖体 RNA（主要是 28S、18S、5.8S 和 5S 四种）。剩余的 15%～20%的 RNA 中大部分由不同低分子量的 RNA 组成（如转运 RNA 和小核 RNA）。这些高丰度的 RNA 的大小和序列可通过凝胶电泳、密度梯度离心、阴离子交换色谱和高压液相色谱分离确定。相反，占 RNA 总量 1%～5% 的信使 RNA 无论大小还是序列都是不同的，其长度从几百碱基对到几千碱基对不等。大多数的真核 mRNA 3′ 端都带有足够长的多聚腺苷酸残基，使其可通过与挂有 d(T) 纤维素亲和而纯化。这些相异的 mRNA 分子编码了细胞内所有的多肽分子。在分子生物学研究中，常遇到提取 RNA 实验。提取的 RNA 可用于逆转录实验，从而用于克隆特定基因片段，实现该基因在体外的大量表达；还可用于建立生物体的 cDNA 文库，比如体外表达各种蛋白酶等。另外，提取的 RNA 可用于分析生物体某组织在某时期的基因转录丰度，用于分析外界环境在分子层面对生物体的影响程度。而分离纯化完整的 RNA 是进行基因克隆、基因表达分析、转录组分析的基础。

[课前预习]

（1）真核生物的 RNA 分类及其性质。
（2）RNA 酶的性质。

[目的要求]

（1）了解总 RNA 的实验用途。
（2）学习利用 Trizol 试剂提取生物组织 RNA 的基本原理与方法。

[设计思路]

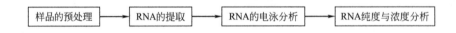

样品的预处理 → RNA 的提取 → RNA 的电泳分析 → RNA 纯度与浓度分析

实验一　脊尾白虾的 RNA 提取

[实验目的]

学习真核动物组织核酸的提取。

[实验材料]

脊尾白虾。

[实验试剂]

Trizol Reagent、75% 乙醇、三氯甲烷、液氮、异丙醇、DEPC 处理水、琼脂糖。

[实验器材]

真空冷冻离心机、超净工作台、电热恒温鼓风干燥箱、电子天平、研钵、移液枪、高速冷冻离心机、口罩、手套、漩涡混合器等。

[实验步骤]

RNA 提取参照 Trizol 说明书进行，严格要求在无菌条件（提取总 RNA 过程中的所用玻璃和金属器皿均在 180℃烘烤 8～10h，其他不可烘烤器皿均用 DEPC 处理并经过高压灭菌处理），低温环境下操作。具体步骤如下。

（1）提前打开冷冻离心机预冷，超净工作台用紫外光杀菌 30min（工作台里应提前放入灭过菌的枪头、EP 管、手套及相关溶液）。戴上手套、口罩（必须戴一次性手套操作，且在操作过程中尽量不要对着 RNA 样品呼气或说话，以防 RNA 酶污染）。戴上手套后，首先用喷壶在手上喷洒 75%乙醇，并涂抹均匀。然后，用酒精棉球擦拭超净工作台及工作台上一切所需要的器材。用镊子夹取 11 个 2mL EP 管置于试管板（预处理过的）上，做好标记，加入 1mL Trizol 置于冰上备用。

（2）取脊尾白虾肌肉组织 50～100mg，放入研钵中用液氮速冻后，再加入液氮快速研磨，尽可能地研磨至粉末状，然后转移到加有 1mL Trizol 的 2mL EP 管中，用匀浆器打匀，在室温下放置 5min。

（3）加入 400μL 氯仿，剧烈振荡 30s，冰上静置 4min。

（4）4℃ 12000r/min 离心 15min。

（5）将上清液小心移到新的 1.5mL 离心管中（取 400μL）做好标记，加入等体积异丙醇沉淀，上下颠倒几次混匀，室温下放置 15min。

（6）4℃ 12000r/min 离心 15min，小心移去上清液，防止 RNA 沉淀丢失。

（7）用 70%乙醇（DEPC 处理的水配制）洗涤，加入 700μL 70%乙醇，将 RNA 沉淀弹起，漂洗（此时 RNA 是不溶解的）。此步骤重复一次。

（8）12000r/min，室温离心 10min，尽量彻底吸走上清液，防止 RNA 沉淀丢失。

（9）真空离心干燥 3～5min，或放在室温下使乙醇完全挥发。

（10）沉淀用 40μL DEPC 水溶解，－70℃保存备用。如发现沉淀难溶，68℃水浴处理 10min。

（11）纯度检测：在分光光度计上分别测定样品在 230nm、260nm、280nm 的吸收值，计算 OD_{260}/OD_{280} 及 OD_{260}/OD_{230} 的比值。纯净的 RNA 样品 OD_{260}/OD_{280} 的比值应在 1.7～2.0 之间，若小于此比值则表明样品中有蛋白质或酚试剂的污染，此时，可用等体积的酚/氯仿重新抽提去除蛋白质；用氯仿、乙醚抽提去除残酚。在抽提过程中 RNA 损失较大（约 60%）。OD_{260}/OD_{230} 的比值应大于 2.0。

（12）浓度检测：纯净的 RNA 样品（无 DNA 及核苷酸杂质）在 260nm 的吸光值等于 1.0 时，RNA 的含量为 37μg/mL。根据此吸收值与浓度的关系可求出任一 RNA 样品的浓度。

$$RNA\ 含量(μg/mL)＝A×稀释倍数×37μg/mL$$

（13）RNA 易降解，故应尽量用于实验，或者将所得到的 RNA 溶液置于－80℃保存。

实验二 RNA 电泳

[实验原理]

RNA 可以使用非变性或变性凝胶电泳进行检测。由于 RNA 分子是单链核酸分子，不同于 DNA 的双链分子结构，其自身可以回折成发卡的二级结构或者更复杂的分子状态，所以传统的非变性琼脂糖凝胶电泳难以得到依赖于分子量的电泳分离条带。为此在电泳上样前须将 RNA 样品于 65℃加热变性 5min，使 RNA 分子的二级结构充分打开，并且在琼脂糖凝胶中加入适量的甲醛，可保证 RNA 分子在电泳过程中持续保持单链状态，由此可得到依赖于 RNA 分子量的分离条带。需快速检测所提取的总 RNA 的完整性时，进行普通的非变性凝胶电泳即可。完整的未降解的真核细胞 RNA 样品的电泳图谱可以清晰地看到 28S rRNA、18S rRNA 和 5S rRNA 的三条带，且 28S rRNA 的亮度是 18S rRNA 的两倍。

[实验材料]

提取得到的 RNA 样品溶液。

[实验试剂]

甘油、乙二胺四乙酸（EDTA）、去离子甲醛、焦炭酸二乙酯（DEPC）、二甲苯蓝、溴酚蓝、吗啉代丙烷磺酸（MOPS）、乙酸钠、H_2O_2、甲酰胺、无水乙醇。

试剂配制：

（1）10×甲醛凝胶电泳加样缓冲液 50％甘油（稀释于 DEPC 处理过的水）、10mmol/L EDTA（pH8.0）、25g/L 溴酚蓝、25g/L 二甲苯蓝。

（2）10×MOPS 电泳缓冲液 0.2 mol/L MOPS（pH7.0）、20mmol/L 乙酸钠、10mmol/L EDTA（pH8.0）。

将 41.8g 的 MOPS 溶解于 700mL 灭菌的 DEPC 处理的水中，用 2mol/L 的 NaOH 调整 pH 至 7.0，加 20mL DEPC 水溶解的乙酸钠和 20mL DEPC 水溶解的 0.5mol/L 的 EDTA（pH8.0），用 DEPC 水定容至 1L，用 0.45μm 的微孔过滤膜过滤，同时将其在室温下避光保存。若暴露在光线中或高压灭菌，缓冲液会随着贮存时间而变黄，草莓色的缓冲液不影响使用效果，但是颜色更深的缓冲液就不能使用。

（3）0.1％ DEPC 水：200mL 双蒸去离子水加 0.2mL DEPC 室温放置过夜，高压灭菌，灭菌时，试剂瓶盖切勿拧紧。

（4）甲醛：使用浓度为 37％～40％（mg/100mL，13.16～14.23mol/L）的甲醛溶液。其中可能含有像甲醇（10％～15％）这样的稳定剂，当甲醛暴露于空气中时很容易被氧化成甲酸。如果甲醛溶液的 pH 是酸性的（pH＜4.0）或者溶液变黄，使用前须将原液用 Bio-Rad AG-501-xg 或 Dowex XG8 混合床树脂处理，以除去离子。

（5）70％乙醇：使用 DEPC 处理过的水配制。

［实验器材］

（1）电泳槽。

（2）凝胶成像系统。

（3）移液枪。

（4）电子天平。

［实验步骤］

（1）清洗电泳槽：将电泳槽用蒸馏水冲洗干净→用乙醇擦干→3％ H_2O_2 灌满→室温放置 10min →0.1％ DEPC 水冲洗。

（2）将制胶用具用 70％乙醇冲洗一遍，晾干备用。

（3）制胶（1.2％）：称取 0.6g 琼脂糖粉末，加入 36.5mL 的 DEPC 水的锥形瓶中，加热使琼脂糖完全溶解。稍冷却（60～70℃）后加入 5mL 的 10×的电泳缓冲液、8.5mL 的甲醛。混匀后在胶槽中灌制凝胶，插好梳子，水平放置待凝固后使用。

（4）加样：在一个洁净的小离心管（DEPC 水处理过）中混合以下试剂，电泳缓冲液（10×）2μL、甲醛 4μL、甲酰胺 10μL、RNA 样品 2μL。混匀后在 65℃保温 10min，冰上速冷。加入 2μL 的 10×上样缓冲液混匀，取适量加样于凝胶点样孔内。

（5）电泳：打开电泳仪（电泳槽内加入 1×MOPS 缓冲液），稳压 4～5V/cm 电泳。电泳时用较高电压会导致条带模糊不清。因为电泳缓冲液的 pH 值在电泳过程中会发生变化。

（6）电泳结束后，将凝胶放入 EB 染色槽中染色 15～20min 后于凝胶成像系统中观察结果。

［实验结果提示］

（1）得到 RNA 电泳图谱。

（2）得到 OD_{260}/OD_{280} 及 OD_{260}/OD_{230} 的比值。

（3）计算得到 RNA 的浓度值。

［注意事项］

（1）RNA 极易被 RNase 降解。环境中 RNase 广泛存在，且不易失活。因此，实验中使用的器皿需严格除去 RNase。金属及陶瓷器具可在 180℃高温下烘烤 2h，而塑料等不可烘烤器具则需使用 DEPC 水处理并经高压灭菌后方可使用。

（2）DEPC 毒性较大，可致癌。在进行去除 RNase 处理时，需要戴手套和口罩在超净工作台中操作。DEPC 处理后的器皿和溶液在高温高压灭菌后会挥发干净。因此，灭菌后的器皿和溶液使用时需要避免 RNase 污染。

[思考题]

1. 为什么在 RNA 提取的时候要避免 RNase 的污染？如何避免 RNase 的污染？
2. 如何鉴定提取的 RNA 的质量和浓度？
3. 提取得到的 RNA 产物主要用于哪些实验？主要的实验设计思路是什么？
4. 查阅资料，了解使用核酸方法检测 RNA 病毒的具体步骤。

第二章　蛋白质类综合实验

项目一　蔗糖酶的研究

 实验导读

　　酵母是一种单细胞的微生物。它属于高等微生物的真菌类，由细胞核、细胞膜、细胞壁、线粒体等组成。酵母无毒无害，很容易生长，在任何环境，例如空气中、土壤中、水中、体内都能生长；而且有氧或无氧也都能生存。酵母是人类应用比较早的，也是应用最为广泛的微生物之一，人们经常利用它的发酵作用制作各种发面食品和酿酒。蔗糖酶（sucrase，EC3.2.1.48），又称为转化酶（invertase），是一种可以催化蔗糖水解生成为果糖和葡萄糖的一种酶。该蔗糖酶在 1828 年首先被 Dumas 等发现，然后在 1860 年时，Berthelot 分离出了这种酶。蔗糖酶广泛存在于酵母以及曲霉、青霉等霉菌中，主要从酵母中得到。酵母蔗糖酶以两种形式存在于酵母细胞膜的外侧和内侧，在细胞膜外细胞壁中的称之为外蔗糖酶（external yeast invertase），它的活力占蔗糖酶活力的大部分，并且是含有50％糖成分的糖蛋白。在细胞膜内侧细胞质中的称之为内蔗糖酶（internal yeast invertase），含有少量的糖。

[课前预习]

　　(1) 了解使用终止法测其他蛋白酶活性中的操作步骤并比较其与终止法测蔗糖酶活性的区别。

　　(2) 酶的固定化的优缺点。

　　(3) 酶固定化方法的比较。

实验一　终止法测定酵母蔗糖酶活性

[实验目的]

　　掌握蔗糖酶的活力测定的原理及方法。

[实验原理]

蔗糖酶（EC3.2.1.48），是将蔗糖水解成 D-果糖和 D-葡萄糖的 β-D-果糖苷酶的一种。除广泛分布于微生物、植物外，类似的活性也在动物的消化液中发现，从链孢霉提纯获得的酶除可作用于蔗糖外，还可以作用于具有 β-呋喃果糖苷键的物质。

蔗糖酶活力测定的反应如下：

$$蔗糖 + H_2O \xrightarrow{蔗糖酶} D\text{-}果糖 + D\text{-}葡萄糖$$

$$3,5\text{-}二硝基水杨酸 + D\text{-}葡萄糖 \longrightarrow 氨基化合物(棕红色)$$

蔗糖酶活力单位定义：在 37℃，pH4.5，每分钟催化蔗糖生成 1μmol 葡萄糖的酶量为 1 个酶活力单位。

使用 DNS（3,5-二硝基水杨酸）法测定还原糖葡萄糖的含量。DNS 在碱性环境下，与葡萄糖在沸水浴中生成棕红色物质（D-葡萄糖→氨基化合物），该物质在波长 540nm 处有最大吸光度，且吸光度随葡萄糖的含量增加而增大。通过已知葡萄糖标准曲线方程，求出每分钟生成葡萄糖的微摩尔级的物质的量。

[实验材料]

蔗糖酶样品溶液。

[实验试剂]

(1) 10%蔗糖溶液。

(2) 0.2mol/L 乙酸钠-乙酸缓冲液（pH4.6）。

(3) 1mol/L NaOH 溶液。

(4) 3,5-二硝基水杨酸试剂（DNS 试剂）：将 5.0g 3,5-二硝基水杨酸溶于 200mL 2mol/L NaOH 溶液（不适宜用高温促溶），接着加入 500mL 含 130g 酒石酸钾钠的溶液，混匀。再加入 5g 结晶酚和 5g 亚硫酸钠搅拌溶解，定容至 1000mL。保存至棕色瓶备用。

(5) 葡萄糖标准溶液：1mg/mL。

(6) 蔗糖酶溶液（浓度根据实际情况调整）。

[实验器材]

分光光度计、水浴锅、电子天平、20mL 具塞刻度比色试管、各种规格移液枪、试管架。

[实验步骤]

(1) 按表 2-1 添加各种试剂，0～5 号管为建立葡萄糖浓度与吸光度之间联系的标准曲线管。Ⅰ、Ⅱ和Ⅲ号管为样品管。

表 2-1　蔗糖酶活力测定

管号\n试剂	空白	标准葡萄糖浓度梯度					样品		
	0	1	2	3	4	5	Ⅰ	Ⅱ	Ⅲ
葡萄糖标准液/(1mg/mL)	0	0.2	0.4	0.6	0.8	1.0	0	0	0
蔗糖溶液(10%)	0	0	0	0	0	0	1	1	1
乙酸钠-乙酸缓冲液(0.2mol/L pH4.6)	2	1.8	1.6	1.4	1.2	1.0	0.85	0.85	0.85
待测酶液	0	0	0	0	0	0	0.15	0.15	0.15
37℃准确反应 10min，1mL 1mol/L NaOH 终止酶促反应									
水杨酸试剂(DNS)	1.0	1.0	1.0	1.0	1.0	1.0	1.0	1.0	1.0
沸水浴精确反应 5min，冷却后定容至 20mL									
记录吸光度 A_{540}									

（2）各管加好试剂后，将各管放置于水浴锅中 37℃温浴 10min，然后加入 1mL 1mol/L NaOH 终止酶促反应。

（3）各管中加入水杨酸试剂（DNS）1mL，沸水浴 5min。

（4）沸水浴精确反应 5min，冷却后定容至 20mL，于 540nm 处测量并记录各管的吸光度。

（5）葡萄糖标准曲线的制作，以葡萄糖浓度或其质量为横坐标，吸光值为纵坐标作图，归一化得到葡萄糖浓度或其质量与吸光度之间的方程。

（6）计算蔗糖酶活力，蔗糖酶的酶活力单位定义：在 37℃，pH4.6，每分钟催化蔗糖生成 1μmol 葡萄糖的酶量为 1 个酶活力单位。

[实验结果提示]

（1）做葡萄糖标准曲线时，建议以标准葡萄糖的质量（单位：mg）为横坐标，吸光值为纵坐标。

（2）最终的活力单位是每分钟生成葡萄糖的微摩尔计算值。

[注意事项]

（1）活力测定时，应使测得的 A_{540} 值在 0.1～0.8 之间。

（2）加入底物和酶溶液后，各管反应的时间要一致，反应产物与 3,5-二硝基水杨酸的显色反应各管时间也要一致，这是本实验的关键。

实验二　蔗糖酶的固定化及评价

[课前预习]

（1）酶固定化的优缺点。

（2）酶固定化方法的比较。

[实验目的]

（1）掌握蔗糖酶的固定化方法。

（2）学习固定化蔗糖酶活性的测定。

（3）了解评估固定化蔗糖酶活性变化的指标和方法。

[实验原理]

固定化酶，就是把游离的水溶性酶限制或固定于某一局部空间或固体载体上，使其保持活性反复利用的方法。常用的固定化酶的方法主要有载体结合法、交联法和包埋法。

包埋法是将酶包在凝胶微小格子内，或是将酶包裹在半透性聚合物膜内的固定化方法。包埋法是制备固定化酶最常用的方法，此法的优点是：酶分子本身不参加格子的形成，大多数酶都可用该法固定化，且方法较为简便；酶分子仅仅是被包埋起来而未经化学作用，故活力较高。可用于包埋的聚合物有：胶原、卡拉胶、海藻酸钙、聚丙烯酰胺凝胶等，其中海藻酸钙包埋法应用较为广泛。海藻酸钠为天然高分子多糖，且有固化、成形方便、对微生物毒性小等优点。利用海藻酸钙固定化酶操作简便、安全、成本低廉。本实验采用海藻酸钙包埋法。

固定化酶与游离酶相比在性质上通常会有些变化：酶活力的变化、酶稳定性的变化、最适温度和 pH 的变化及米氏常数的变化等。酶的固定化有其优缺点，优点如可以多次使用、产物的纯化方式简单、提高了产物的质量，反应过程可以严格控制、一定程度上可以提高酶的稳定性，缺点是由于固定化方式对酶的空间阻隔作用，可能产生酶活力的降低现象。所以对一种酶的固定化的评价指标是选择对酶固定化方式的基础。固定化酶的评价指标有：酶的结合效率（或称偶联效率、固定化率）、活力回收率（活力保留比例）、相对活力。它们的计算公式为：

$$酶结合效率 = \frac{加入的总酶活力单位数 - 未结合的酶活力单位数}{加入的总酶活力单位数} \times 100\%$$

$$活力回收率 = \frac{固定化酶总活力单位数}{加入的总酶活力单位数} \times 100\%$$

$$相对活力 = \frac{固定化酶总活力单位数}{加入的总酶活力单位数 - 上清液中未结合酶活力单位数} \times 100\%$$

[实验材料]

蔗糖酶。

[实验试剂]

蔗糖酶、10%蔗糖溶液、4%海藻酸钠溶液、0.05mol/L CaCl₂溶液、0.2mol/L 乙酸钠-

乙酸缓冲液 (pH4.6)。

[实验器材]

2mL 注射器、烧杯、磁力搅拌器、恒温水浴锅、分光光度计。

[实验步骤]

1. 固定化蔗糖酶的制备
(1) 将 1g 海藻酸钠溶解于 25mL 蒸馏水中，100℃水浴溶解。
(2) 使用 0.2mol/L 乙酸钠-乙酸缓冲液 (pH4.6) 制备 0.1mg/mL 的蔗糖酶溶液。
(3) 将蔗糖酶溶液与海藻酸钠溶液按体积比 1：2 混合。
(4) 通过 2mL 注射器将海藻酸钠-蔗糖酶混合液滴入连续磁力搅拌的 $CaCl_2$ 溶液中。
(5) 固定化酶颗粒，置于 $CaCl_2$ 溶液中，4℃环境中固定化 1h。
(6) 1h 后将固定化颗粒与 $CaCl_2$ 溶液分离，并用适量 0.2mol/L 乙酸钠-乙酸缓冲液 (pH4.6) 洗涤固定化颗粒。洗涤液与 $CaCl_2$ 溶液混合并记录其总体积。固定化颗粒用吸水纸吸干后称总质量。

2. 加入酶的总活力的测定
(1) 按照表 2-1 测定 0.1mg/mL 的蔗糖酶溶液的活力单位数 (U/mL)。
(2) 加入酶的总活力单位 U 为 (1) 的活力单位数 (U/mL) 乘以加入海藻酸钠溶液的蔗糖酶体积。

3. 上清液 (残留液) 中未结合酶活力的测定
(1) 上清液 (残留液) 为洗涤液与 $CaCl_2$ 溶液混合液。
(2) 按照表 2-1 测定 (1) 混合液的活力单位数 (U/mL)。。
(3) 上清液 (残留液) 的总活力单位 U 为 (2) 的活力单位数 (U/mL) 乘以其体积。

4. 固定化酶总活力的测定
(1) 将制得的固定化酶颗粒用吸水纸吸干，然后准确称其总质量。
(2) 取三支试管，每支加入适量的上述固定化酶颗粒，然后加入底物蔗糖溶液 1mL，0.2mol/L 乙酸钠-乙酸缓冲液 (pH4.6) 1mL，然后反应 5min。
(3) 反应完成后，将固体颗粒与溶液分离，然后立即向溶液中加入 1mL NaOH 溶液终止反应。葡萄糖的生成量测定按照表 2-1 进行。
(4) 固定化酶的总活力 (U) 为：1g 固定化蔗糖酶的活力单位数 (U/g) 乘以固定化颗粒的总质量。

5. 固定化酶的评价指标有：酶的结合效率 (或称偶联效率，固定化率)、活力回收率 (活力保留比例)、相对活力，参照上述公式计算。

[注意事项]

操作过程注意固定化酶适用温度和 pH 范围。

[思考题]

（1）常见的固定化方式有哪些？各自的原理是什么？

（2）使用固定化酶催化化学反应时，哪些外界因素会对固定化酶的寿命产生影响？

（3）如何设计固定化酶的酶学性质研究实验？

（4）固定化后需考察哪些项目？

（5）简述酶固定化后，其稳定性提高的原因？

项目二　连续法测定酶活性——以碱性磷酸酶为例

 实验导读

　　碱性磷酸酶（alkaline phosphatase，ALP）（EC3.1.3.1），是非特异性磷酸单酯酶，可以催化几乎所有的磷酸单酯的水解反应，生成无机磷酸和相应的醇、酚、糖等，还可以催化磷酸基团的转移反应。ALP存在于除高等植物外几乎所有的生物体内，可直接参加磷的代谢，在钙、磷的消化、吸收、分泌及骨化过程中发挥了重要的作用。ALP几乎存在于各个组织，但以骨骼、牙齿、肝脏和肾脏含量较多，儿童期含量尤其多。在医学和分子生物学等领域有广泛的用途。ALP有六种同工酶，其中ALP1、ALP2、ALP6来自肝脏，ALP3来自骨细胞，ALP4产生于胎盘及癌细胞，而ALP5来自小肠绒毛上皮与成纤维细胞。在临床医学上测定血清中ALP的活力已经成为诊断和监测多种疾病的重要手段。测定ALP活性可用于肝脏疾病和骨骼疾病的诊断以及用于阻塞性黄疸、原发性肝癌、继发性肝癌等的检测。当肝脏受到损伤或者障碍时经淋巴道和肝窦进入血液，同时由于肝内胆道胆汁排泄障碍，反流入血而引起血清碱性磷酸酶明显升高。在动物饲养和疾病诊断方面，ALP是反映成骨细胞活力，骨生成状况和钙、磷代谢的重要生化指标。

[课前预习]

（1）临床和实验室常规测定碱性磷酸酶的方法。

（2）碱性磷酸酶的生理功能。

（3）碱性磷酸酶在诊断医学上的应用。

[实验目的]

（1）掌握连续监测法测定碱性磷酸酶活力的操作。

（2）了解临床医学检测血清碱性磷酸酶活力的意义。

（3）掌握对硝基磷酸苯二钠法测定碱性磷酸酶活力的原理以及实验结果的数据处理。

[实验原理]

连续监测法是指每隔一定时间（比如 2～60s），连续多次测定酶反应过程中某一反应产物或底物量随时间变化的数据，求出酶反应初速度，计算酶活性浓度的方法。适用于自动生化分析仪。能动态观测酶促反应进程，结果准确可靠，标本和试剂用量少，可在短时间内完成测定。如图 2-1 所示，能够真正代表酶活性大小的是线性期（B）阶段的酶促反应速度，即酶促反应初速度。酶促反应进程曲线如图 2-1 所示。

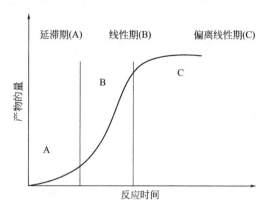

图 2-1　酶促反应进程曲线

在 pH10.3 时，在 ALP 催化作用下，对硝基苯磷酸盐被水解成对硝基苯和磷酸盐，磷酸盐被转移到 2-氨基-2-甲基-1-丙醇（AMP）受体分子上，游离的对硝基苯酚在碱性溶液中发生分子重排形成黄色醌。反应式如下：

本法以 2-氨基-2-甲基-1-丙醇（AMP）为磷酸盐受体分子，是 IFCC（国际临床化学联合会）推荐的方法。该方法目前在国内和国际上应用最多，各国在该方法上略有不同的是所采用的缓冲液不同。一般采用 2-氨基-2-甲基-1-丙醇（AMP）或二乙醇胺（DEA）做缓冲液，但这两类物质不易提纯，前者常混有 5-氨基-3-吖-2,2,5-三甲基乙醇，后者易含乙醇胺，均对 ALP 有抑制作用。故日本学者建议采用 2-乙氨基乙醇缓冲液，而德国学者建议使用甲基葡萄糖胺缓冲液，此类试剂纯度高，不含抑制 ALP 活性的物质，可不加螯合剂，其 pK 值也高于 DEA。目前常用的检测方法主要有四种，方法基本一样，只是缓冲液不同。

国际临床化学联合会（IFCC）推荐方法：2-氨基-2-甲基-1-丙醇（AMP）缓冲液；

日本临床化学协会（JSCC）推荐方法：2-乙氨基乙醇（EAE）缓冲液；

德国临床化学协会（GSCC）推荐方法：二乙醇胺（DEA）缓冲液；

DSKG 推荐方法（新 GSCC 方法）：N-甲基-D-葡萄糖胺（MEG）缓冲液。

本实验以磷酸对硝基苯酚（4-NPP）为底物，二乙醇胺为磷酸酰基的受体物质，在 ALP 催化下，4-NPP 分裂出磷酸基团，生成游离的对硝基苯酚（4-NPP），后者在碱性溶液中转变成醌式结构，呈现较深的黄色。反应式如下：

$$\text{磷酸对硝基苯酚} + H_2O \xrightarrow{\text{ALP}} \text{对硝基苯酚} + \text{磷酸盐}$$

$$\text{磷酸对硝基苯酚} + \text{二乙醇胺} \xrightarrow{\text{ALP}} \text{对硝基苯酚} + \text{二乙醇胺-磷酸盐}$$

在 37℃，405nm 波长下监测吸光值的上升速率，反应中对硝基苯酚的生成速度与 ALP 活性成正比。

连续检测法是德国临床化学协会（GSCC）推荐方法。

[实验材料]

碱性磷酸酶（新鲜猪肝自提）。

[实验试剂]

对硝基磷酸苯二钠、二乙醇胺、乙酸镁（$MgAc_2$）、硫酸锌、盐酸、苯酚、EDTA-Na_2。

[实验器材]

紫外可见分光光度计（可连接电脑）、离心机、冷藏箱、pH 计、电子天平等。

[实验步骤]

1. 试剂配制

（1）溶液 1（100mL，2～8℃保存 3 个月）

25.5mmol/L EDTA-Na_2（0.95g），12.75mmol/L $ZnSO_4$（0.367g）或乙酸锌（$ZnAc_2$）（183.48），25.5mmol/L $MgAc_2$ 0.547g。

注意：括号中的用量均指无水盐。将 EDTA-Na_2 溶于 70mL H_2O，加 $ZnAc_2$（或 $ZnSO_4$），完全溶解后，加 $MgAc_2$ 使溶解，用 100mL 的容量瓶定容。

（2）R 溶液（100mL，2～8℃保存 3 个月）

956.3mmol/L 二乙醇胺（10.05g）：将二乙醇胺溶于 70mL H_2O 中，用 25%盐酸调 pH 至 10.3～10.5（37℃），加入 10mL 溶液 1，用 2mol/L HCl 调节 pH 至 10.2，定容至 100mL。

（3）底物 S 溶液（25mL，2～8℃保存 3 个月）

81.6mmol/L 对硝基磷酸苯二钠（0.757g）：将对硝基磷酸苯二钠溶于 15mL H_2O 中，转移至 25mL 容量瓶，将容量瓶和水平衡至 20℃；加水至容量瓶的校准刻度线（20℃）。最终配制的溶液中六水磷酸对硝基苯酚二钠盐浓度为 81.6mmol/L。该溶液 2～8℃稳定性为 1 周。应遮光、冷藏保存。

（4）Tris-HCl 溶液：0.02mol/L，pH7.2

2. 碱性磷酸酶液的提取

取猪肝 10g 置于 100mL 小烧杯内，冰浴下剪成小块加入 3mL 冰冷的 Tris-HCl 溶液，用电动匀浆器匀浆，12000r/min 离心，20min，取上清液，作为实验用样品。

3. 酶活力测定

(1) 打开计算机，开启分光光度计，按 F4 进入计算机控制，运行 UVprobe 连接，校正调零。

(2) 动力学设置：波长 405nm，活度 90～210s。

(3) 开启预热底物的水浴锅和预热测量室的水浴锅，设置温度 37℃。

(4) 1mL R 溶液加入比色皿中，加入 250μL 底物 S 溶液，10μL 酶样挂壁，快速振荡三次后，立即放入测量室，按 F9 或开始进行测定，检测 $\Delta A/\text{min}$。

(5) 1mL R 溶液加入比色皿中，加入 250μL 底物 S 溶液，不加酶样，快速振荡三次后，立即放入测量室，按 F9 或开始进行测定。检测底物的自降解能力，$\Delta A/\text{min}$ 空白。

(6) 酶活力计算

酶活力定义：在 37℃，pH10.2，每分钟催化生成 1μmol 硝基酚的酶量为 1 个酶活力单位。

$$\text{酶活(U/L)} = F \times (\Delta A/\text{min} - \Delta A/\text{min 空白})$$

$$F = \frac{\text{反应液总体积(mL)} \times 1000}{\text{样品体积(mL)} \times \text{毫摩尔消光系数} \times 1.0}$$

式中 $\Delta A/\text{min}$——酶样的活度；

$\Delta A/\text{min}$ 空白——未添加酶样时，4-NPP 自水解活度；

$E_{405}(\text{4-NPP}) = 1869\text{m}^2/\text{mol}^{-1}$，转化成毫摩尔消光系数为 18.69L/(cm·mmol)。

项目三 细菌苹果酸脱氢酶的研究

 实验导读

(1) 苹果酸脱氢酶的理化性质及生理功能

苹果酸脱氢酶（malate dehydrogenase，MDH，EC1.1.1.37）是一类广泛存在于原核和真核生物体内的关键代谢酶。根据辅酶专一性、亚细胞定位和生理功能，现有研究结果表明苹果酸脱氢酶主要以线粒体型（mMDH）、乙醛酸体型（gMDH）、质体型（plMDH）、胞质体型（cMDH）和根瘤型（neMDH）五种形式存在，cMDH 在苹果酸-天冬氨酸穿梭途径中负责将细胞溶胶中 NADH 的电子传递给草酰乙酸，使后者转变为苹果酸，mMDH 参与三羧酸循环的最后一步，其他三种形式的苹果酸脱氢酶功能还不是很清楚，而原核生物中只有一种形式的苹果酸脱氢酶（eMDH）。在植物、哺乳动物和大部分细菌中苹果酸脱氢酶以同型二聚体形式存在，依赖 NAD$^+$（氧化型辅酶 A）和 NADH（还原型辅酶 A）的苹果酸脱氢酶分子质量分别为 32～37kDa 和 42～43kDa，每个亚基具有独立的催化功能。

苹果酸脱氢酶的功能是其在生物三羧酸循环（TCA）中催化 L-苹果酸形成草酰乙酸（也可催化草酰乙酸形成苹果酸），完成草酰乙酸的再生。草酰乙酸是生物体内生化反应的一个非常重要的中间产物，连接糖代谢、脂代谢、氨基酸合成等多条重要的代谢途径。

（2）苹果酸脱氢酶的用途

苹果酸脱氢酶可特异性催化 L-苹果酸（L-malate）成为草酰乙酸，可将其作为化学酶转化剂应用于消旋体 DL-苹果酸的拆分以得到重要的药物中间体 D-苹果酸。D-苹果酸是一种重要的非天然有机酸，分子中有 3 个功能基团（2 个羧基和 1 个直接连接于碳原子上的羟基），是一种极其重要的四碳有机手性源，主要应用于手性药物、手性添加剂、手性助剂等领域，它在制药行业作为手性合成的手性源，在某些手性化合物的不对称合成过程中具有不可替代的作用。而对于 D-苹果酸的生产，微生物转化法比传统的化学合成法效率更高，更加环保。因此开发苹果酸脱氢酶对 DL-苹果酸的手性拆分性能有很重要的意义。在医学方面，苹果酸脱氢酶被用作诊断试剂，用于血浆中的 CO_2、苹果酸及草酰乙酸含量的分析及天冬氨酸转氨酶的检测。

（3）苹果酸脱氢酶的提取纯化

对于微生物或植物细胞的胞内酶的分离纯化，首先需要破碎细胞。破碎细胞的方法主要有三种：①机械法，包括球研磨法、高压匀浆法、压榨法和超声波法等，处理细胞数量较大，速度快；②酶解法，利用水解酶破坏细胞壁中的聚合物成分，例如溶菌酶可水解细菌、放线菌细胞壁上的肽聚糖，纤维素酶可以水解植物细胞壁上的纤维素，蜗牛酶可以水解真菌细胞上的几丁质和甘露聚糖等；③其他方法，包括细胞自溶法、渗透溶胞法（将细胞悬浮于渗透液中，细胞溶胀而释放出细胞内容物）、反复冻融法（使用液氮，快速反复冻融）、酸碱处理法和表面活性剂处理法等。

为了得到较高纯度的蛋白质，在目标蛋白酶的提取与纯化方面，常用的方法包括盐析法、有机溶剂沉淀法、等电点沉淀法、离子交换色谱法、凝胶过滤色谱法、亲和色谱法、疏水色谱法或者各种方法结合优化法等。

盐析法是根据蛋白质在不同盐浓度条件下的溶解能力不同而对其进行纯化的方法，常用硫酸铵，被盐析沉淀下来的蛋白质仍保持其天然性质，并能再度溶解而不变性。使用盐析法时需对蛋白质样品进行除盐处理。

有机溶剂沉淀的原理是破坏蛋白质的水化层，介电常数减小，蛋白质分子之间互相排斥力减少，凝聚沉淀。但由于有机溶剂会使蛋白质变性，使用该法时，注意要在低温下操作，选择合适的有机溶剂浓度也很重要。常用的有机溶剂有无水乙醇、丙酮等。

等电点沉淀法是根据蛋白质在一定的 pH 条件下，蛋白质分子整体静电荷为零，蛋白质分子间的排斥力减小而聚集沉淀。

离子交换色谱是以离子交换树脂作为柱色谱支持物，将带有不同电荷的蛋白质进行分离的方法。

亲和色谱是不同蛋白质分子对于固定于载体上的特殊配基具有不同的识别和结合能力。这是一种高效的分离纯化蛋白质的方法，常用的配基有抗体、抗原、激素或受体蛋白，酶的底物和抑制剂等。色谱柱载体为琼脂糖凝胶等。

疏水色谱利用固定相载体上偶联的疏水性配基与流动相中的一些疏水分子发生可逆性结

合而进行分离。该方法是基于蛋白质的疏水性差异，利用蛋白质表明某一部分具有疏水性，与带有疏水性的载体在高盐浓度时结合。在洗脱时，将盐浓度逐步降低，因其疏水性不同而逐个被洗脱而纯化，可用于分离其他方法不易纯化的蛋白质。

凝胶色谱法（gel chromatography）也称为排阻色谱（exclusion chromatography）、凝胶过滤色谱（gel filtration chromatography）和分子筛色谱（molecular sieve chromatography），它是20世纪60年代发展起来的，利用凝胶把物质按分子大小不同进行分离的一种方法。

[课前预习]

（1）苹果酸脱氢酶在细胞中的生化作用。
（2）苹果酸脱氢酶在三羧酸循环（TCA）中发挥的作用。
（3）苹果酸脱氢酶有哪些开发价值？

[目的要求]

（1）掌握超声波破碎细胞的基本操作。
（2）掌握苹果酸脱氢酶的提取纯化方法。
（3）掌握苹果酸脱氢酶的活性测定方法。

[设计思路]

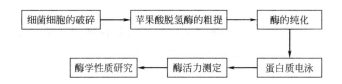

实验一　苹果酸脱氢酶活力测定

[实验目的]

（1）掌握连续监测法测定苹果酸脱氢酶活力的操作。
（2）掌握还原型辅酶 NADH 参与下苹果酸脱氢酶催化草酰乙酸生成 L-苹果酸（L-malate）法测定苹果酸脱氢酶酶活力的原理以及实验结果的数据处理。

[实验原理]

苹果酸脱氢酶（MDH）在还原型辅酶 NADH 参与下催化草酰乙酸生成 L-苹果酸（L-malate），这是一个立体专一性反应，MDH 将 NADH 的氢离子传递给草酰乙酸，生成氧化型辅酶 NAD^+ 和苹果酸。

第一种活力单位定义方式：1 个酶活性单位（U）定义为，在 pH 为 7.5，37℃条件下，

每分钟减少 1μmol NADH 所需的酶量。NADH 在 340nm 处有最大吸收，随着反应的进行 NADH 的减少会导致体系在 340nm 处吸光值的减少，因此根据下面公式可以测得酶活性。NADH 的摩尔消光系数为 6.2×10^3（单位：$L\cdot mol^{-1}\cdot cm^{-1}$），转换为微摩尔消光系数为 6.2（单位：$mL\cdot\mu mol^{-1}\cdot cm^{-1}$）。

$$酶活力\ U/mL=\frac{\frac{\Delta A}{\Delta t}\times V_{反应液总体积}}{V_{酶溶液体积}\times6.2\times1.0_{光径}}$$

式中　　$\dfrac{\Delta A}{\Delta t}$——在 340nm 下每分钟吸光度的减量变化；

$V_{反应液总体积}$——比色皿中反应液的总体积，mL；

$V_{酶溶液体积}$——加入比色皿中的酶溶液的体积，mL；

　6.2——NADH 的微摩尔消光系数。

第二种活力单位定义方式：1 个酶活性单位（U）定义为，在 pH 为 7.5，37℃条件下，每分钟 340nm 波长处吸光度减少 0.01（活度）所需的酶量。在 340nm 波长处测 NADH 氧化速度，通过测定每分钟吸光度的变化来测定酶活。

[实验材料]

苹果酸脱氢酶（试剂统一购买或者自由选择实验材料并且提取纯化）。

[实验试剂]

还原型辅酶 NADH、草酰乙酸、磷酸氢二钾、氢氧化钠、苹果酸脱氢酶（试剂统一购买）或实验室培养细菌进行提取纯化的苹果酸脱氢酶。

[实验器材]

紫外可见分光光度计（可连接电脑）、离心机、冷藏箱、pH 计、电子天平等。

[实验步骤]

（1）试剂配制

缓冲液：0.02mol/L 磷酸氢二钠-磷酸二氢钠缓冲液配制（pH8.0）。

第二种活力单位定义方式：1 个酶活性单位（U）定义为：在 pH 为 7.5，37℃条件下，在 340nm 处每分钟吸光值的变化为 0.01 时所需的酶量，取变化值的绝对值计算。计算每微升酶液中所含有的酶活单位（U），即：$U/\mu L$。

（2）底物溶液的配制

使用电子天平，称量 0.5mg 草酰乙酸溶于 10mL 缓冲液中，充分溶解后得到 0.4mmol/L 的草酰乙酸溶液。称量 2.8mg 还原型辅酶 I 二钠，溶于 10mL 缓冲液中，得到 0.4mmol/L NADH 溶液。将两个完全混匀的试剂按照 1∶1 混匀，得到 0.2mmol/L 的混合底物溶液。底物应现用现配。

（3）测活体系

预先分别配制 0.4mmol/L 的草酰乙酸溶液与 0.4mmol/L NADH 溶液，当进行酶活性测定时将两者按 1∶1 充分混合，此时草酰乙酸和 NADH 底物浓度均为 0.2mmol/L。将此混合底物在 37℃水浴锅中水浴 10min。

（4）酶活力测定

① 打开电脑，开启分光光度计，校正调零。

② 设置动力学数据，波长 340nm，活度 0～30s。

③ 开启预热底物的水浴锅和预热测量室的水浴锅，设置温度 37℃。

④ 测酶活体系：0.5mL 比色皿中加入 400μL 分别含 0.2mmol/L 的草酰乙酸溶液与 NADH 混合液，随后再加入 5μL 0.25mg/mL 的苹果酸脱氢酶，连续监测 30s 的吸光值变化。监测曲线的斜率值代表酶的活性单位（仪器记录的活度），初始吸光度控制在 0.7 左右。记录相应值，根据上述公式计算酶活力或按第二种酶活力定义方法在计算机中直接读取活度值。

实验二　苹果酸脱氢酶的提取纯化

[实验目的]

（1）学习有机溶剂方法提取纯化蛋白质。

（2）学习超声波破碎细胞的原理与操作。

[实验材料]

细菌培养液。

[实验试剂]

（1）无水乙醇溶液。

（2）DEAE-Sepharose Fast Flow。

（3）0.02mol/L 磷酸氢二钠-磷酸二氢钠缓冲液（pH8.0）。

（4）0.02mol/L 磷酸氢二钠-磷酸二氢钠缓冲液（pH8.0）（内含 0.5mol/L NaCl 溶液，pH 值 8.0）。

[实验器材]

高速离心机、恒温水浴锅、色谱柱（1.0cm×10cm）、蛋白质色谱仪、超声波细胞破碎仪、制冰机。

[实验步骤]

（1）菌体的收集

菌体在37℃恒温摇床（110r/min）中培养48h后，将细菌培养液离心（8000r/min）15min后收集菌体。将收集到的菌体用蒸馏水洗涤，离心，再洗涤，重复数次，除去上清液，沉淀菌体，保存待用。

（2）细菌细胞的破碎

加30mL 0.02mol/L磷酸氢二钠-磷酸二氢钠缓冲液（pH8.0）重悬菌体，采用超声破碎方法对菌体破碎，进行30min，12000r/min离心15min，弃去沉淀，取上清液（根据实验需要保留部分提取液）。

（3）40％饱和度硫酸铵盐析法去除部分杂蛋白

量出上清液的体积于含有磁力搅拌子的烧杯中，按硫酸铵饱和度表（附录三）缓慢加入硫酸铵至饱和度40％，保持磁力搅拌30min，此时，溶液出现混浊表明有蛋白质被盐析出来。将此混浊溶液以12000r/min转速离心10min（4℃条件），弃去沉淀，上清液中含有苹果酸脱氢酶。（根据实验需要保留部分溶液测定酶活力和蛋白质浓度）。注意记录上清液的体积。

（4）70％饱和度硫酸铵沉淀苹果酸脱氢酶

将上清液的硫酸铵饱和度继续增加至70％，保持磁力搅拌30min，此时，溶液出现混浊表明有蛋白质被盐析出来。将此混浊溶液以12000r/min转速离心10min（4℃条件），弃去上清液，保留沉淀。使用适量0.02mol/L磷酸氢二钠-磷酸二氢钠缓冲液（pH8.0）溶解沉淀，并再次离心，以去除不溶解的杂质（根据实验需要保留部分溶液测定酶活力和蛋白质浓度）。注意记录溶液体积。

（5）柱色谱纯化苹果酸脱氢酶

用0.02mol/L磷酸氢二钠-磷酸二氢钠缓冲液（pH8.0）平衡DEAE-SepharoseFastFlow离子交换色谱柱，直到其流出液电导率等于0.02mol/L磷酸氢二钠-磷酸二氢钠缓冲液的电导率。将实验步骤（4）得到的苹果酸脱氢酶粗提液上柱，然后用0.02mol/L磷酸氢二钠-磷酸二氢钠缓冲液（pH8.0）（内含0.5mol/LNaCl溶液）进行NaCl梯度（NaCl溶液浓度为0~0.5mol/L）洗脱，色谱柱连上梯度混合器，混合器分别装30mL 0.02mol/L磷酸氢二钠-磷酸二氢钠缓冲液（pH8.0）和30mL含有0.5mol/LNaCl的0.02mol/L磷酸氢二钠-磷酸二氢钠缓冲液（pH8.0），收集每一个出峰洗脱液，使用记录仪记录洗脱结果。对每个收集到的洗脱液进行酶活力测定，将活性最大的样品作为接下来酶学性质的研究样品。

（6）提取纯化效率计算

参照表2-2，根据此实验步骤，表中样品有提取液、40％饱和度硫酸铵除杂蛋白所得上清液、70％饱和度硫酸铵沉淀苹果酸脱氢酶溶解液、柱色谱纯化苹果酸脱氢酶溶液。

实验三　苹果酸脱氢酶的电泳检测

[实验目的]

学习蛋白质电泳鉴别蛋白质样品纯度。

[实验材料]

柱色谱苹果酸脱氢酶样品溶液。

[实验试剂]

(1) 12%分离胶。

(2) 5%浓缩胶。

(3) 2×样品处理液：4% SDS，20%丙三醇，2% β-巯基乙醇，0.2%溴酚蓝，100mmol/L Tris-HCl，或者市售上样缓冲液。

(4) 5×电泳缓冲液：15.1g Tris，94.0g 甘氨酸，5.0g SDS，加水定容至 1000mL。4℃存放。

(5) SDS-PAGE 染色液：180mL 甲醇，36.8mL 冰醋酸，加入 1g 考马斯亮蓝 R250，定容至 400mL，过滤备用，室温存放。

(6) SDS-PAGE 脱色液：50mL 无水乙醇，100mL 冰醋酸，850mL 水，混匀后室温存放。

(7) 低分子量蛋白质标准物。

[实验器材]

移液枪、离心机、水浴锅、pH 计、垂直电泳仪、电泳仪电源、凝胶成像系统、脱色摇床等。

[实验步骤]

(1) SDS-PAGE 电泳板的处理

用中性洗涤剂清洗后，再用双蒸水淋洗，然后用无水乙醇浸润的棉球擦拭，用吹风机吹干备用。

(2) 12%分离胶的制备

充分混匀凝胶组分，立即灌胶，胶液缓慢倒入固定在垂直电泳槽中的两电泳板之间的狭槽中（注意不要产生气泡），在分离胶上面轻轻覆盖一层 ddH_2O；室温静置，使胶完全聚合，除去上层水相，然后用滤纸吸干水分。

(3) 5%浓缩胶的制备

充分混匀凝胶组分，立即灌胶，将胶液缓慢倒入分离胶上的狭槽中（不要产生气泡），插入样品梳；室温静置聚合，待聚合完全后拔去梳子。

(4) 样品液上样

用移液枪移取 $20\mu L$ 准备好的样品液上样。

(5) 电泳

在电泳槽中加满 1×电泳缓冲液。用移液枪上样。开始电压先选择 60V，等溴酚蓝进入分离胶后电压再选择 120V，至溴酚蓝迁移至胶下缘结束电泳。

（6）染色

电泳完毕，小心取出凝胶，置于有盖的大培养皿中，倒入染色液至浸没凝胶，于水平摇床上染色 30min。

（7）脱色

倒去染色液，用少量水淋洗凝胶，倒入脱色液至浸没凝胶，于水平摇床上脱色至蓝色背景消失。

（8）凝胶成像系统拍照记录结果。

实验四　苹果酸脱氢酶最适 pH 值的测定

[实验目的]

学习在不同 pH 缓冲液中的酶活力测定方法。

[实验材料]

柱色谱得到的电泳纯度较高且有高活性的苹果酸脱氢酶样品溶液。

[实验试剂]

各种 pH 缓冲溶液，配制不同 pH 缓冲液（其中都含有草酰乙酸和 NADH，底物浓度均为 0.2mmol/L。）

[实验器材]

UV-2600 岛津紫外-可见分光光度计、水浴锅、电子天平、各种规格移液枪。

[实验步骤]

（1）参照实验一苹果酸脱氢酶活力测定，测定不同 pH 值条件下的酶活力。

（2）以 pH 为横坐标，以苹果酸脱氢酶的相对活性为纵坐标，苹果酸脱氢酶的最高反应活性为 100%，以其他 pH 下活性相对最高的活性作图，从而确定苹果酸脱氢酶的最适反应 pH。

实验五　苹果酸脱氢酶最适温度的测定

[实验目的]

学习在不同温度下酶活力测定方法。

［实验材料］

柱色谱得到的电泳纯度较高且有高活性的苹果酸脱氢酶样品溶液。

［实验试剂］

0.02mol/L 磷酸氢二钠-磷酸二氢钠缓冲液（pH8.0，其中含有草酰乙酸和 NADH，底物浓度均为 0.2mmol/L）。

［实验器材］

UV-2600 岛津紫外-可见分光光度计、水浴锅、电子天平、各种规格移液枪。

［实验步骤］

（1）参照实验一苹果酸脱氢酶活力测定，测定不同温度下的酶活力。

（2）以温度为横坐标，以苹果酸脱氢酶的相对活性为纵坐标，苹果酸脱氢酶的最高反应活性为 100%，以其他温度下活性相对最高的活性作图，从而确定苹果酸脱氢酶的最适反应温度。

实验六　米氏常数及最大反应速度的测定

［实验目的］

（1）了解底物浓度对酶促反应的影响。

（2）掌握测定米氏常数 K_m 和最大反应速度 V_{max} 的原理和方法。

［实验原理］

K_m 值等于酶促反应速度达到最大反应速度一半时所对应的底物浓度，是酶的特征常数之一。不同的酶 K_m 值不同，同一种酶与不同底物反应 K_m 值可以近似地反映出酶与底物亲和力的大小：K_m 值越大，说明亲和力小；K_m 值越小，表明亲和力大。测 K_m 值是酶学研究的一个重要方法。大多数纯酶的 K_m 值在 0.01～100mmol/L。

Linewaeaver-Burk 作图法（双倒数作图法）是用实验方法测 K_m 值的最常用的简便方法。

［实验材料］

柱色谱得到的电泳纯度较高且有高活性的苹果酸脱氢酶样品溶液。

[实验试剂]

0.02mol/L 磷酸氢二钠-磷酸二氢钠缓冲液（pH8.0）（不同浓度的草酰乙酸和 NADH，两者的比例为 1∶1，可以设置其均为 0.003125mmol/L、0.00625mmol/L、0.025mmol/L、0.5mmol/L、1mmol/L，实际浓度的设置根据实际情况变化）。

[实验器材]

UV-2600 岛津紫外-可见分光光度计、水浴锅、电子天平、各种规格移液枪。

[实验步骤]

(1) 参照实验一苹果酸脱氢酶活力测定。

(2) 计算不同底物浓度（底物草酰乙酸与 NADH 的物质的量浓度依然相等）条件下苹果酸脱氢酶的酶活力单位。以底物浓度（单位：mmol/L）的倒数为横坐标，在 340nm 波长处测得的 NADH 氧化速度（以第一种活力单位定义方法计算）的倒数为纵坐标。采用 Linewaeaver-Burk 作图法（双倒数作图法）归一化计算得到方程。计算得到米氏常数 K_m 值与最大反应速度 V_{max}。双倒数作图法得到的图形如图 2-2 所示：横坐标为底物浓度的倒数，纵坐标可以为活力单位的倒数。K_m 值为米氏常数，V_{max} 为最大反应速度。

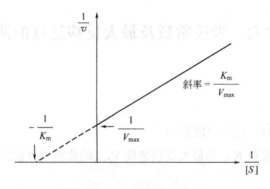

图 2-2　采用双倒数法作图

[思考题]

(1) 苹果酸脱氢酶活性测定时若在加好酶液启动化学反应时，其初始吸光值大于 1 以上，如何将吸光值降到 0.8 左右？

(2) 在实际测定苹果酸脱氢酶活性中，加入的两种底物浓度比例需为 1∶1，为什么？若不是此比例，会出现什么情况？建议在实际操作中进行尝试。

(3) 金属离子对苹果酸脱氢酶的活性影响如何？请设计一种具体的常见金属离子对苹果酸酶稳定性的影响的实验。

(4) 苹果酸脱氢酶在临床诊断中有什么意义吗？

(5) 若用基因工程方法克隆表达苹果酸脱氢酶，请设计实验方案。

项目四　脊尾白虾精氨酸激酶的分离纯化与酶学性质研究

实验导读

　　脊尾白虾属于甲壳纲、十足目、游泳亚目、真虾族、长臂虾科、白虾属。中国沿海均产之，尤以黄海和渤海产量较多。脊尾白虾为近岸广盐广温广布种，一般生活在近岸的浅海中，盐度不超过 29‰ 的海域或近岸河口及半咸淡水域中，经过驯化也能生活在淡水中。

　　精氨酸激酶（Arginine kinase，AK）属于磷酸原激酶这个保守家族中重要一员，是一个与细胞内能量运转、肌肉收缩、ATP 再生有直接关系的重要激酶，广泛存在于无脊椎动物如昆虫、虾、蟹及软体动物中，起着类似于脊椎动物中肌酸激酶的作用。AK 可逆催化肌酸或精氨酸与 ATP 之间发生转磷酰基反应，从而形成高能磷酸化的磷酸肌酸或磷酸精氨酸，其被称为磷酸原。高能磷酸原在能量储备方面起关键作用，因为当需要 ATP 再生时，可以由磷酸原激酶催化磷酸原转化而产生 ATP。磷酸原不仅是一个能量储备库，而且是不断耗能的体系中的一个能量传送体。精氨酸激酶是节肢动物和软体动物中的唯一磷酸原激酶，在昆虫肌肉中，磷酸精氨酸是唯一有效形成 ATP 的磷酰基供体，能在一定时间内为激烈运动的肌肉提供能量，同时又维持 ATP 的恒定水平。研究表明，它与相应的无脊椎动物的免疫应答也有相当重要的联系。本实验旨在对脊尾白虾 AK 进行部分酶学性质研究，以期为进一步研究脊尾白虾 AK 的作用机制提供基础。

［课前预习］

　　(1) 精氨酸激酶的活性测定方法。

　　(2) 蛋白质分离纯化技术及其原理。

　　(3) 蛋白质含量测定方法有哪些，其原理是什么？

［设计思路］

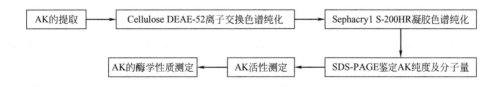

实验一　精氨酸激酶的提取与分离纯化

［实验目的］

　　(1) 学习粗分离脊尾白虾精氨酸激酶的方法。

（2）学习 Cellulose DEAE-52 离子交换柱纯化蛋白质的方法。

（3）学习 Sephacryl S-200HR 凝胶色谱柱纯化蛋白质的方法。

[实验原理]

Cellulose DEAE-52 为阴离子交换剂，在弱碱性环境中带负电荷，可与带负电荷的蛋白质分子进行交换吸附，带有不同负电荷量的蛋白质与该交换剂吸附力是不同的，使用一定离子强度及 pH 的缓冲液洗脱时可将不同吸附力的蛋白质逐步洗脱出来，达到分离纯化的目的。Sephacryl S-200HR 是葡聚糖与亚甲基双丙烯酰胺（N, N'-methylenebisacrylamide）交联而成，是一种新型的葡聚糖凝胶。Sephacryl S-200HR 纯化蛋白质使用了分子排阻原理。

Sephacryl S-200HR 是多孔性凝胶，仅允许直径小于孔径的组分进入，溶剂分子可以自由地扩散出入。大分子不能进入凝胶孔洞而完全被排阻，只能沿多孔凝胶粒子之间的空隙通过色谱柱，所以首先被洗脱出来；中等大小的分子能进入凝胶中一些适当的孔洞中，但不能进入更小的微孔，在柱中受到滞留，较慢地从色谱柱洗脱出来；小分子可进入凝胶中绝大部分孔洞，在柱中受到更强的滞留，会更慢地被洗脱出；溶解样品的溶剂分子，其分子量最小，可进入凝胶的所有孔洞，最后从柱中流出，从而实现具有不同分子大小样品的完全分离。

[实验材料]

脊尾白虾，置于−20℃的冰柜中冷藏。

[实验试剂]

醋酸、氯化钠、苯甲基磺酰氟（PMSF）、氢氧化钠、三羟甲基氨基甲烷、EDTA。

试剂配制方法如下。

（1）匀浆缓冲液：20mmol/L Tris-HAC，pH8.6，含 0.2mmol/L EDTA-Na$_2$，0.5mmol/L PMSF。

（2）Cellulose DE-52 离子交换柱用前清洗液：2.0mol/L NaCl。

（3）Cellulose DE-52 离子交换柱平衡液：20mmol/L Tris-HAC、pH8.6、0.5mmol/L PMSF。

（4）Cellulose DE-52 离子交换柱洗脱液：20mmol/L Tris-HAC、pH8.6、0.5mmol/L PMSF、0.5mol/L NaCl。

（5）Sephacryl S-200HR 凝胶色谱柱平衡液：20mmol/L Tris-HAC、pH8.6、0.5mmol/L PMSF。

（6）Sephacryl S-200HR 凝胶色谱柱洗脱液：20mmol/L Tris-HAC、pH8.6、0.5mmol/L PMSF。

（7）Sephacryl S-200HR 凝胶色谱柱清洗液：蒸馏水。

[实验器材]

高速组织捣碎机、烧杯、玻璃棒、移液枪、高速冷冻离心机、低压色谱系统、50mL 离心管。

[实验步骤]

（1）粗酶的提取

取去头去皮的脊尾白虾肉 10g，按 1:2（g:mL）比例加入事先预冷到 0℃的匀浆缓冲液 20mL，于高速组织捣碎机捣碎后，在 4℃中以 12000r/min 离心 20min，收集上清液 V_1（19mL），即为粗酶液。

（2）Cellulose DEAE-52 离子交换色谱纯化

将已经装好的 Cellulose DEAE-52 离子交换色谱柱用 2mol/L NaCl 溶液 2～3 倍柱体积以 1mL/min 进行洗柱（去蛋白质），再用 2～3 倍柱体积的 dH_2O 以 1mL/min 洗柱（去盐），最后用 2～3 倍柱体积平衡缓冲液进行过夜平衡，备用。

将样品 V_1 上样至 Cellulose DEAE-52 离子交换柱，以 1mL/min 流速用洗脱缓冲液进行梯度（0.5mol/L NaCl 梯度从 0%到 100%）洗脱 V_1 样品，从上样开始以每管 5mL 进行收集，洗脱完毕，根据系统显示的峰值洗脱图选择峰值较大的管测定 AK 酶活力。根据测得的酶活力结果合并酶活力较高的管得到 V_2，置于 0℃冰浴备用。

离子交换柱的清洗。先用 2～3 倍柱体积 2mol/L NaCl 溶液以 1mL/min 洗柱，再用 2～3 倍柱体积 dH_2O 以 1mL/min 洗柱，如果长时间不用就以 20%乙醇保存。

（3）Sephacryl S-200HR 凝胶色谱纯化

Sephacryl S-200HR 凝胶色谱准备。保持流速 1mL/min，先用 2～3 倍柱体积平衡缓冲液平衡柱子，直至 A_{280} 峰值降至基线。

用洗脱缓冲液以 1mL/min 流速进行洗脱。洗脱完毕，根据系统显示出的 A_{280} 峰值的洗脱图选择 A_{280} 峰值较大的管测定酶活力。根据测得的酶活力结果合并酶活力较高的管得到 V_3，置于 -20℃备用。

S-200 凝胶色谱柱的清洗。用 4 倍柱体积蒸馏水以 1mL/min 洗柱，如果长时间不用就以 20%乙醇保存。

（4）纯度的测定

采用 SDS 聚丙烯酰胺凝胶电泳进行测定（具体参照《生化实验技术与实施教程》第二版，钱国英）。

（5）蛋白质含量的测定

采用考马斯亮蓝法测定每一步提取纯化步骤中蛋白质样品的浓度（具体参照《生化实验技术与实施教程》第二版，钱国英）或者查阅文献采用 BCA 法测定蛋白质含量。

（6）精氨酸激酶的活性测定

按照实验二精氨酸激酶的活性测定方法，完成表 2-2 中的相关参数计算。

表 2-2 提取纯化效率计算

样品	体积 /mL	蛋白质浓度 /(mg/mL)	总蛋白质 /mg	活力 /(U/mL)	比活力 /(U/mg)	总活力 /U	回收率 /%	提纯倍数
提取液(V_1)								
Cellulose DEAE-52(V_2)								
Sephacry1S-200HR(V_3)								

注：比活力＝活力/蛋白质质量；总活力＝活力×体积；回收率＝回收的样品活力占总活力的百分数；提纯倍数＝提纯的比活力与初始比活力的比值。

[实验结果提示]

（1）绘制 Cellulose DEAE-52 色谱洗脱图。

（2）绘制 Sephacry1S-200HR 色谱洗脱图。

（3）计算酶样品提取分离纯化倍数表。

实验二 精氨酸激酶的活性测定

[实验目的]

学习测定精氨酸激酶活性的方法。

[实验原理]

精氨酸激酶催化如下反应：

$$精氨酸＋MgATP \xrightleftharpoons{精氨酸激酶} 磷酸精氨酸＋MgADP＋H^+$$

精氨酸激酶催化上述反应产生的磷酸精氨酸水解生成无机磷，无机磷在酸性条件下，与钼酸盐（常用钼酸铵或钼酸钠）反应生成磷钼酸盐络合物。用还原剂处理，磷钼酸盐络合物被还原生成钼蓝，在 700nm 处有最大光吸收峰。在一定浓度范围内，颜色的深浅与磷含量成正比关系。

活力单位定义：pH8.1，30℃条件下每分钟催化生成 $1\mu mol$ 无机磷所需要的酶量为一个单位（U）。

[实验试剂]

（1）底物溶液：0.1mol/L 的 Tris-HAC，pH8.1 的缓冲液中含有 10.34mmol/L 精氨酸，2.07mmol/L Na_2-ATP，3.10mmol/L 乙酸镁。

（2）使用 6mol/L 的硝酸溶液配制而成的 0.2mol/L 硝酸铋。

（3）0.14mol/L 的钼酸铵溶液。

（4）1‰的抗坏血酸。

（5）新鲜配制无机磷测定溶液：将 1mL 试剂（2），1mL 试剂（3），0.5mL 试剂（4）以及 2mL 蒸馏水混合即可。

（6）磷酸二氢钾、2.5%三氯乙酸。

[实验器材]

恒温水浴锅、紫外-可见分光光度计。

[实验步骤]

（1）待测酶液样品

将 10μL 待测酶液加入至 290μL 底物溶液中，30℃反应 1min，然后加入 2.5%三氯乙酸终止反应。沸水浴 1min，立即放入冰水中冷却 1min，平衡至室温。加入 450μL 新鲜配制的无机磷测定溶液，保持 3min。以空白样品调零，于 700nm 处测定吸光值。

（2）空白样品

以 10μL 的 0.1mol/L 的 Tris-HAc，pH8.1 的缓冲液加入至 290μL 底物溶液中，25℃反应 1min，然后加入 2.5%三氯乙酸终止反应。沸水浴 1min，立即放入冰水中冷却 1min，平衡至室温。加入 450μL 新鲜配制的无机磷测定溶液，保持 3min。

（3）标准曲线的建立

配制不同浓度的磷酸二氢钾溶液。取 10μL 不同浓度的磷酸二氢钾代替待测酶液重复实验步骤（1）。以不同浓度下的磷酸二氢钾的物质的量为横坐标，吸光值为纵坐标建立标准曲线。

（4）计算酶活力

即 1μL 待测酶液中的活力单位数（U/μL）。

实验三 精氨酸激酶的酶学性质测定

[实验目的]

（1）了解脊尾白虾精氨酸激酶的部分酶学性质。

（2）学习测定蛋白酶的最适温度、最适 pH 以及动力学常数的方法。

[实验材料]

分离纯化得到的精氨酸激酶样品。

[实验试剂]

精氨酸、三羟甲基氨基甲烷、Na_2ATP、乙酸镁、硝酸、硝酸铋、钼酸铵、抗坏血酸、磷酸二氢钾、三氯乙酸。

[实验器材]

紫外-可见分光光度计、水浴锅。

[实验步骤]

（1）确定最适反应温度

将精氨酸激酶的酶活反应体系分别在 20℃、30℃、40℃、50℃、60℃、70℃ 和 80℃ 孵育 10min，然后按照实验二的活性测定方法检测精氨酸激酶的活性。以相对残留活性（%）为纵坐标，温度为横坐标作图。其中相对残留活力的计算方法为：将最高的精氨酸激酶反应活性设为 100%，其他温度下的酶活性相对最高活性即为残留活力。最高酶活性对应的温度即为最适温度。

（2）确定最适反应 pH

将精氨酸激酶的酶活反应体系分别设定为 pH 为 7.5、7.6、8.0、8.5、9.0 的缓冲液，其他条件保持不变，然后按照实验二测定酶活力方法在最适温度下检测精氨酸激酶活力。以相对残留活力（%）为纵坐标，pH 值为横坐标作图。其中相对残留活力的计算为：将最高的精氨酸激酶反应活力设为 100%，其他 pH 值下的酶活力相对最高活力即为残留酶活力。最高酶活力对应的 pH 值即为最适温度。

（3）测定动力学参数

K_m^{ATP} 和 V_{max} 的测定：固定精氨酸（Arg）以及 AK 的浓度，改变 Na_2ATP 的浓度，使底物中 Na_2ATP 的终浓度分别为 2.0mmol/L、1.6mmol/L、1.25mmol/L、1.0mmol/L、0.67mmol/L、0.5mmol/L。提前在 25℃ 中预处理温度，使底物温度达到理想水平，各管分别用如上方法测酶活力。对所得数据采用双倒数作图法处理，即用 $1/V$ 对 $1/[Na_2ATP]$ 作图，可求得 K_m^{ATP} 和 V_{max}。

K_m^{Arg} 和 V_{max} 的测定：固定 Na_2ATP 以及 AK 的浓度，改变 Arg 浓度。使底物中 Arg 终浓度分别为 10mmol/L、5.0mmol/L、3.75mmol/L、2mmol/L、1.75mmol/L、1mmol/L、0.625mmol/L。形成相应梯度再分别测各管酶活力。对所得数据采用双倒数作图法处理，即用 $1/V$ 对 $1/[Arg]$ 作图，可求得 K_m^{Arg} 和 V_{max}。

[实验结果提示]

（1）绘制最适 pH 图，得到最适反应 pH。

（2）绘制最适温度图，得到最适反应温度。

（3）绘制动力学图，得到 K_m^{ATP} 和 V_{max} 以及 K_m^{Arg} 和 V_{max}。

（4）计算速度 V 时，以每分钟生成无机磷的物质的量表示，即 $\mu mol/min$。

［注意事项］

（1）使用比色皿时，手持比色皿的毛面，不可用手或滤纸擦比色皿的透光面。

（2）测定溶液的吸光值在 $0.1 \sim 0.8$ 之间最符合吸光定律，读数误差较小。如吸光值不在此范围，可适当调整测定溶液浓度。

（3）分光光度计为贵重精密仪器，需倍加爱护，注意防振、防潮、防光照和防腐蚀。保持仪器的干净整洁。

［思考题］

1. 简述分子排阻技术的原理。

2. 本实验项目在操作过程中要注意哪些问题？

3. 蛋白质的分离纯化方法有哪些？

4. 测定精氨酸激酶活力还有哪些方法？请设计具体操作步骤。

项目五　鸡卵黄免疫球蛋白的分离纯化与活性测定

 实验导读

免疫球蛋白（immunoglobulin，Ig）是接受抗原刺激后，由浆细胞所产生的一类具有免疫功能的球状蛋白质，是直接参与免疫反应的抗体蛋白的总称。各种免疫球蛋白能特异地与相应的抗原结合形成抗原-抗体复合物（免疫复合物），从而阻断抗原的有害作用。另外，Ig在生物体的营养代谢和生理调节方面也具有重要的作用。

根据 Ig 的免疫化学特性，可分为五大类：IgG、IgA、IgM、IgD、IgE，不论哪一类其分子结构都由四条链组成，即由两条相同的长多肽链称 H 链（又称重链）及两条相同的短肽链称 L 链（又称轻链）组成。各类 Ig 均是糖蛋白，其中以 IgG 含糖量最少，为 $2\% \sim 3\%$，IgA 为 8%，其他各型为 $7\% \sim 15\%$。机体大部分免疫功能都依赖于 IgG 类免疫球蛋白，它约占免疫球蛋白总量的 $70\% \sim 90\%$。分离纯化蛋白质的方法有低温乙醇法、利凡诺法、盐析法、离子交换法、亲和色谱法等。

鸡卵黄免疫球蛋白（immunoglobulin of yolk，IgY）是母鸡在孵育过程中由鸡血清中IgG 转移到蛋黄（卵细胞）中形成的，其性质类似于哺乳动物的 IgG。鸡经过免疫后，蛋黄中产生的 IgY，其含量超过鸡血清，而蛋白质中仅发现较少量的 IgM 和 IgA。在相同免疫时间内，从一只母鸡所产生的鸡蛋中提取的抗体远远超过一只兔子血清提取的抗体量，鸡卵黄中 IgY 滴度的变化与鸡血清抗体滴度水平相似并呈现出正相关关系。卵黄免疫球蛋白（IgY）呈 Y 字形结构，分子质量约为 180kDa，含两条 67kDa、70kDa 的重链和两条 22kDa、30kDa 的轻链，其重链有 4 个稳定区，而哺乳动物 IgG 含有 3 个稳定区，并且 IgY 不具有铰链区。IgY 的沉降系数为 7s，等电点 pH 值接近 5.2，含氮量为 14.8%，氨基酸组成及含糖量与人及兔的免疫球蛋白有显著差异。

IgY 的理化性质如下。

① IgY 的热稳定性：热变性温度约为 74℃。在温度达到 65℃ 时，IgY 的活性可保持 24h 以上，70℃ 加热 90min 后 IgY 的活性下降。

② IgY 的酸稳定性：IgY 比较耐酸、耐碱，在 pH4.0~11.0 时稳定。

③ IgY 对胃蛋白酶的敏感性：IgY 可抵抗幼龄动物的胃酸屏障，抵抗肠道中胰蛋白酶的胰凝乳蛋白酶的消化。

④ IgY 对蛋白水解酶的稳定性：IgY 比哺乳动物类 IgG 更易被水解。

[课前预习]

（1）免疫球蛋白重链与轻链的分子量范围。

（2）可能影响免疫球蛋白活性的因素有哪些。

[目的要求]

（1）学习盐析法（硫酸铵沉淀）提取免疫球蛋白的基本原理和方法。

（2）学习凝胶色谱的基本原理和分离纯化技术。

（3）学习阴离子交换色谱法纯化免疫球蛋白的原理和方法。

（4）掌握 Folin-酚法测蛋白质浓度的原理及方法。

（5）学习 SDS-聚丙烯酰胺凝胶电泳测定蛋白质分子量的原理及方法。

（6）掌握单向免疫扩散试验检测 IgG 浓度的原理及方法。

[设计思路]

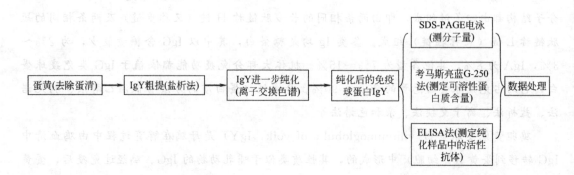

实验一　IgY 粗品制备及纯化

[实验目的]

(1) 学习盐析法提取纯化蛋白质。

(2) 学习 DEAE-52 阴离子交换柱的处理方法。

[实验材料]

鸡蛋。

[实验试剂]

硫酸铵、DEAE-纤维素（DEAE-52）、Na_2HPO_4、NaH_2PO_4、氯化钠、Tris、NaOH、HCl、氯化钡、EDTA-Na_2。

[实验器材]

色谱仪、磁力搅拌器、阴离子交换柱（DEAE-52）、离心机等。

[实验步骤]

(1) 卵黄水溶性组分的制备

将鸡蛋中的蛋清去除，获得卵黄（10g 左右，卵黄密度为 1.02g/mL），卵黄质量可根据实际情况决定。加入一定量的蒸馏水（蛋黄原液：蒸馏水＝1：6，搅拌成卵黄悬液备用）。

(2) IgY 的分离提取（盐析法）

用 0.1mol/L 的盐酸调节 pH 为 5.0，充分搅拌后 10000r/min 离心 20min，取上清液，用硫酸铵盐析两次，第一次盐析，通过查硫酸铵饱和度计算 20％的硫酸铵饱和度时需加入硫酸铵的质量，然后将其慢慢加入上清液中，充分搅拌 20min，离心取上清液。第二次盐析，将上清液中的盐浓度增加至 50％，离心取沉淀，然后用冰乙醇（95％浓度）清洗沉淀，离心后取沉淀，重复 3～5 次，最后沉淀用 PBS 溶液（0.01mol/L，pH7.4）溶解。

(3) DEAE-纤维素（DEAE-52）的处理

一般离子交换剂在使用前都要用酸碱处理以除去杂质。若离子交换剂是干的，先用水浸泡使之吸水膨胀后再进行处理。处理阴离子交换树脂主要有以下步骤：

① 用水浸泡，使其充分膨胀并用倾泻法或浮选法除去细小颗粒。

② 用 0.5～1.0mol/L 的 NaOH 溶液浸泡 20min 后，用水洗涤至中性。

③ 用 1.0mol/L HCl 溶液浸泡 20min 后，用水洗至中性。

④ 用 0.5～1.0mol/L 的 NaOH 溶液浸泡 20min 后，用水洗涤至中性。

⑤ 转型，即用适当试剂处理，使其成为所要的离子形式。本实验可用 0.01mol/L

pH7.4 的磷酸盐缓冲液浸泡 1h。

（4）透析袋预处理

选用截留分子量为 3.5×10^3 的透析袋，将其剪成适当长度，置于含 1mmol/L EDTA-Na$_2$ 的 2% NaHCO$_3$ 溶液中，煮沸 10min。用去离子水彻底清洗后，再用 1mmol/L EDTA-Na$_2$ 溶液煮沸 10min。冷却后，于 4℃保存备用。透析袋必须浸没于溶液中。使用前，用去离子水清洗透析袋内外，操作时必须戴手套。第二次 EDTA-Na$_2$ 溶液煮沸也可用流水冲洗的方法代替。

（5）将步骤（2）获得的溶解液样品进行脱盐

方法一（透析脱盐）：将上述 IgY 粗品溶于少量生理盐水后装入已处理好的截留分子量为 3.5×10^3 的透析袋，悬于装有 PBS 溶液（0.01mol/L，pH7.4）的大烧杯中，于 4℃搅拌透析 24h，换液 3～4 次，用 1%氯化钡检验至无 SO_4^{2-} 为止。

方法二（色谱脱盐）：选用 Sephadex G-25 或 G-50 进行色谱脱盐，操作详见《生化实验技术与实施教程》第二版（钱国英）基础实验七。

（6）DEAE-52 离子交换色谱法纯化 IgY

将透析过后透析袋中的溶液取出，10000r/min 离心 10min，取上清液。色谱柱先用 PBS 缓冲液平衡，流速为 1mL/min，至流出液在 280nm 波长洗脱曲线变得平直为止；取上清液样品 2mL 上样至色谱柱中，以 1.0mL/min 流速用洗脱缓冲液进行梯度（梯度从 0%～100%）洗脱，本实验配制并使用的是 0.5mol/L 和 1.0mol/L 的氯化钠（PBS）盐溶液。从出现 280nm 有吸收信号开始进行收集，接收不同时间段出现信号的样品流出液。色谱纯化洗脱完毕后，将各时间段收集的样品进行蛋白质电泳鉴定。离子交换柱的清洗：先用 2～3 倍柱体积高盐溶液以 2mL/min 的流速洗柱，再用 2～3 倍柱体积 dH$_2$O 以 2mL/min 的流速洗柱，如果长时间不用就用 20%乙醇保存。

（7）IgG 纯度鉴定和相对分子质量测定

用 SDS-PAGE 电泳法鉴定 IgG 产品纯度及检测相对分子质量，操作详见《生化实验技术与实施教程》第二版（钱国英编）基础实验九。

实验二　蛋白质浓度测定（一）

[实验原理]

考马斯亮蓝 G-250 法是比色法与色素法相结合的复合方法，简便快捷，灵敏度高，稳定性好，是一种较好的常用方法。1976 年由 Bradford 建立，用于测定蛋白质浓度。

考马斯亮蓝 G-250 是一种染料，在酸性溶液中为棕红色，最大光吸收波长为 465nm。它能与蛋白质通过疏水作用结合，形成蛋白质-染料的复合物，颜色由棕红色转变为蓝色，在 595nm 波长下有最大吸光度，并且在低浓度范围内（0.01～1.0mg/mL）与蛋白质浓度的关系服从比尔定律。

该法操作简单，反应迅速，2min 左右即达到平衡，而且灵敏度很高，可测微克级的蛋白质含量，所生成的染料-蛋白质颜色稳定，实验可重复性好，抗干扰性强。但当被测蛋白质与标准蛋白质氨基酸组成差异较大时，因为染料结合量不同，测定结果会产生一定的误差。

[实验目的]

学习考马斯亮蓝 G-250 法测定蛋白质浓度的原理与操作方法。

[实验材料]

分离纯化得到的免疫球蛋白。

[实验试剂]

(1) 考马斯亮蓝 G-250 溶液配制

精确称取 100mg 考马斯亮蓝 G-250，溶于 50mL 95％乙醇中，并加入 100mL 85％浓磷酸，然后，用蒸馏水稀释并定容至 1000mL。此溶液在常温下可放置 1 个月。

(2) 牛血清白蛋白溶液配制

准确称取 100mg 牛血清白蛋白，溶于 100mL 蒸馏水中，即为 $1000\mu g/mL$ 的原液。

[实验器材]

精密电子天平、分光光度计、具刻度吸管、具塞试管及试管架等。

[实验步骤]

(1) $0\sim100\mu g/mL$ 标准曲线的绘制

取 6 支 10mL 干净的具塞试管，按表 2-3 添加各试剂。盖塞后，将各试管中溶液纵向倒转混合，放置 2min 后用 1cm 光径的比色杯在 595nm 波长下比色，记录各管测定的光密度 OD_{595nm}，并绘制标准曲线。

表 2-3　$0\sim100\mu g/mL$ 标样蛋白标准曲线操作表

操作项目	管号					
	1	2	3	4	5	6
标准蛋白质溶液/mL	0	0.02	0.04	0.06	0.08	0.10
蒸馏水/mL	1.0	0.98	0.96	0.94	0.92	0.9
G-250 试剂/mL	5					
蛋白质含量/μg	0	20	40	60	80	100

(2) $0\sim1000\mu g/mL$ 标准曲线的绘制

另取 6 支 10mL 具塞试管，按表 2-4 添加各试剂。其余步骤同 (1) 操作，绘制蛋白质

浓度为 $0\sim1000\mu g/mL$ 的标准曲线。

表 2-4　$0\sim1000\mu g/mL$ 标样蛋白标准曲线操作表

操作项目	管号					
	1	2	3	4	5	6
标准蛋白质溶液/mL	0	0.2	0.4	0.6	0.8	1.0
蒸馏水/mL	1.0	0.8	0.6	0.4	0.2	0
G-250 试剂/mL	5					
蛋白质含量/μg	0	200	400	600	800	1000

（3）未知样品的测定

将未知样品溶液做适当稀释（使其测定值在标准曲线的直线范围内），取 1.00mL 稀释液加入具塞试管中，按上述相同方法加入考马斯亮蓝 G-250 溶液并比色。根据所测定的吸光值，代入标准曲线线性方程，计算出未知样品的蛋白质质量浓度。

实验三　蛋白质浓度测定（二）

［实验原理］

碱性条件下，蛋白质可将 Cu^{2+} 还原为 Cu^+，Cu^+ 可与 BCA 试剂形成紫色络合物，其在 562nm 处有最大吸收值。一定浓度范围内，其吸光值随蛋白质浓度的增加而增加。对比标准曲线，即可计算出待测蛋白质的含量。

［实验目的］

（1）学习 BCA 法测定蛋白质浓度的原理。

（2）了解蛋白质测定的多种方法，并比较它们的优缺点。

（3）学习并掌握线性化蛋白质标准曲线的绘制方法。

［实验材料］

分离纯化得到的免疫球蛋白。

［实验试剂］

试剂 A：含 1％的 2,2-联喹啉-4,4-二甲酸二钠盐、2％无水碳酸钠、0.16％酒石酸钠、0.4％氢氧化钠、0.95％碳酸氢钠的混合溶液，溶液最终调 pH 至 11.25。

试剂 B：4%硫酸铜。

BCA 工作液：试剂 A 100mL＋试剂 B 2L，混合。

蛋白质标准液：准确称取 150mg 牛血清白蛋白，溶于 100mL 蒸馏水中，即为 1.5mg/mL 的蛋白质标准液。

[实验器材]

分光光度计、恒温水浴锅、移液管等。

[实验步骤]

（1）按表 2-5 加好各管的试剂。

表 2-5 BCA 法测定蛋白质含量

试剂 \ 管号	空白	1	2	3	4	5	样品管
标准蛋白质溶液/(1.5mg/mL)	—	0.02	0.04	0.06	0.08	0.1	—
蒸馏水/mL	0.1	0.08	0.06	0.04	0.02	—	—
待测样品/mL	—	—	—	—	—	—	0.1
BCA 工作液/mL	2.0	2.0	2.0	2.0	2.0	2.0	2.0
A_{562}							

（2）将上述各管混匀后于 37℃保温 30min，然后在 562mn 处以空白管调零，依次测定各管的吸光值。

（3）以蛋白质含量为横坐标，吸光度为纵坐标，绘制标准曲线，得到标准方程。

（4）将样品的吸光度带入标准曲线方程，计算得到待测蛋白质含量。

实验四 免疫球蛋白的活性测定

[实验原理]

采用双抗体夹心法测定提取样品中鸡卵黄免疫球蛋白 IgY 的活性，在预先已经包被卵黄抗原的微孔中，加入鸡卵黄免疫球蛋白 IgY（有活性的样品可与抗原发生免疫反应），然后洗涤去掉没有免疫反应的鸡卵黄免疫球蛋白 IgY（即没有活性的样品或者提取过程中残留的其他物质），最后加入被辣根过氧化氢酶（HRP）标记过的抗鸡卵黄免疫球蛋白 IgY 的抗体，加入辣根过氧化氢酶的底物，在辣根过氧化氢酶的催化下最终转换成黄色溶液，颜色的深浅与样品中卵黄免疫球蛋白的含量呈正相关。用酶标仪在 450nm 下测定吸光度，计算样品浓度。

[实验目的]

（1）学习 ELSA 法测定活性免疫球蛋白的原理。

（2）学习酶标仪的使用方法。

[实验材料]

分离纯化得到的免疫球蛋白。

[实验试剂]

鸡卵黄免疫球蛋白测定试剂盒（ELSA 法）。

[实验器材]

移液枪、酶标仪、烘箱等。

[实验步骤]

参照试剂盒产品说明书进行操作，各产品略微不同。一般的步骤为：

（1）取出酶标板，设置好标准品孔、样品孔和空白孔。标准品孔设置不同浓度。样品孔可根据实际情况进行稀释得到不同的样品孔。

（2）向标准孔中加入不同浓度的等体积标准品溶液。

（3）向样品孔中加入合适浓度的样品溶液，其体积与标准孔一致，空白孔中不加样品，只加入稀释液。

（4）将上述酶标板用封板膜封住反应孔，放入 37℃ 恒温箱中温育 60min。

（5）取出酶标板，弃去液体，在吸水纸上吸干，再加入洗涤液，静置 3min 后甩出，拍干，上述过程重复 5 次。

（6）加入被辣根过氧化氢酶标记过的抗鸡卵黄免疫球蛋白 IgY 的抗体，37℃ 温育60min。取出酶标板，弃去液体，在吸水纸上吸干，再加入洗涤液，静置 3min 后甩出，拍干，如此重复洗涤 3 次。

（7）加底物，每孔加入新鲜配制的底物溶液，室温暗处放置 20min，然后加入反应终止液。

（8）用酶标仪在 450nm 处比色检测，得到相应的吸光值。

[实验结果提示]

绘制标准曲线：以标准品浓度为横坐标，对应的 OD 值为纵坐标，绘制标准线性回归曲线，按曲线方程计算各样品浓度值。

[注意事项]

（1）蛋白质的浓度

盐析时，溶液中蛋白质的浓度对沉淀有双重影响，既可影响蛋白质沉淀极限，又可影响蛋白质的共沉作用。蛋白质浓度越高，所需盐的饱和度极限越低，但杂蛋白的共沉作用也随之增加，从而影响蛋白质的纯化。故常将血清以生理盐水作对倍稀释后再盐析。

（2）离子强度

各种蛋白质的沉淀要求不同的离子强度。例如硫酸铵饱和度不同，析出的成分就不同，饱和度为 50% 时，少量白蛋白及大多数球蛋白析出；饱和度为 33% 时，γ-球蛋白析出。

（3）盐的性质

最有效的盐是多电荷阴离子。

（4）pH 值

通常蛋白质所带净电荷越多，它的溶解度越大。改变 pH，即改变蛋白质的带电性质，也就改变了蛋白质的溶解度。

（5）温度

盐析时温度要求并不严格，一般可在室温下操作。血清蛋白于 25℃ 时较 0℃ 更易析出。但对温度敏感的蛋白质，则应于低温下盐析。

（6）其他

注意饱和硫酸铵加入血清中的速度和方式，边加边缓慢摇动，并避免产生气泡。防止局部盐浓度过大，而造成不必要的蛋白质沉淀。离子交换色谱中，DEAE-52 的处理十分关键，最后一定要使体系处于 0.01mol/L pH7.4 的磷酸盐缓冲溶液平衡状态，否则得不到 IgY 纯品。考马斯亮蓝法测定蛋白质含量时，比色杯易受到蓝色污染，应注意用乙醇清洗。

[思考题]

1. 简述考马斯亮蓝比色法测定蛋白质含量的基本原理。测定蛋白质浓度的方法有哪些？比较分析各种测定蛋白质方法的优缺点？

2. IgY 的主要功能是什么？

3. 分级盐析法分离纤维蛋白、球蛋白和清蛋白的依据是什么？

4. 离子交换法纯化 IgY 的理论基础是什么？为了提高 IgY 制品活性，在分离纯化过程中应注意控制哪些条件？

5. 若使用超滤管脱盐会有什么优缺点？请查阅相关文献了解他人的经验。

6. 在使用硫酸铵盐析法纯化蛋白质时，若不确定你要的目的物质处于上清液中还是沉淀中，你将如何处理这种问题？

7. 若出现使用酶联免疫吸附方法测定 DEAE-52 纯化得到的蛋白质含量大于硫酸铵盐析法纯化得到的蛋白质含量时，你觉得合理吗？若不合理，请查阅有关文献分析结果。

第三章　糖类综合实验

项目一　海藻多糖研究

 实验导读

　　多糖类物质是除蛋白质和核酸之外的又一类重要的生物大分子。在 20 世纪 60 年代，人们就发现多糖复杂的生物活性和功能。它具有调节免疫功能，促进蛋白质和核酸的生物合成，调节细胞生长，提高生物体免疫力，抗肿瘤、抗癌和抗艾滋病等功效。海藻多糖可作为化妆品中的重要成分，具有保湿保水的强大功能，越来越受到人们的认可与喜爱。海藻是海洋资源的重要开发原材料，其含量丰富且生长迅速，为天然产物——海藻多糖的开发奠定了基础。

 基本原理

　　由于高等真菌多糖主要是细胞壁多糖，多糖组分主要存在于其形成的小纤维网状结构交织的基质中，利用多糖溶于水而不溶于醇等有机溶剂的特点，通常采用热水浸提后用酒精沉淀的方法，对多糖进行提取。影响多糖提取率的因素很多，如浸提温度、时间、加水量以及脱除杂质的方法等都会影响多糖的得率。

　　多糖的纯化，就是将存在于粗多糖中的杂质去除而获得单一的多糖组分。一般是先去除非多糖组分，再对多糖组分进行分级。常用的去除多糖中蛋白质的方法有：Sevag 法、三氟三氯乙烷法、三氯醋酸法等，这些方法的原理是只沉淀蛋白质而不沉淀多糖，其中 Sevag 方法脱蛋白效果较好，它是用氯仿与戊醇（丁醇）以 4∶1 比例混合，加到样品中振荡，使样品中的蛋白质变性成不溶状态，用离心法除去。

　　将多糖水解成单糖，采用薄层色谱法分析单糖组分。薄层色谱显色后，比较多糖水解所得单糖斑点的颜色和 Rf 值与不同单糖标样参考斑点的颜色和 Rf 值，确定样品多糖的单糖组分。

　　多糖的分析鉴定一般借助气相色谱（GC）、高效液相色谱（HPLC）、红外光谱（IR）和紫外光谱（UV）等技术，气相（液相）色谱-质谱（GC/HPLC-MS）联用技术成为分析多糖更为有效的手段。

　　红外光谱（infrared spectra），是以波长或者波数为横坐标，以强度或者其他随波长变化的性质为纵坐标所得到的反映红外射线与物质相互作用的图谱。按红外射线的波长范围，可粗略分为近红外光谱（0.8～2.5μm）、中红外光谱（2.5～25μm）和远红外光谱（25～1000μm）。对物质自发发射或受激发射的红外射线进行分光，可得到红外发射光谱，物质的红外发射光谱主要取决于物质的温度和化学组成；对物质所吸收的红外射线进行分光，可得到红外吸收光谱。每种分子都有其组成和结构决定的特有的红外吸收光谱，它是一种分子光谱。在有机化合物的结构鉴定中，红外光谱法是一种重要手段。使用红外光谱法可以确定两个化合物是否相同，若两个化合物的红外光谱完全相同，则它们一般为同一种化合物（旋光对映体除外）；也可以确定一个新化合物中某些特殊键或官能团是否存在。多糖类物质的官能团在红外光谱图上表现为相应的特征吸收峰，我们可以根据其特征吸收来初步鉴定糖类物质。从红外光谱图上可看出，3400～3600cm^{-1}处为—OH 的伸缩振动吸收峰；2900～3000cm^{-1}处为 C—H 的伸缩振动吸收峰；1600～1650cm^{-1}处为—OH 的弯曲振动吸收峰；1400～1450cm^{-1}处为—CH$_2$ 的变角振动吸收；1300～1400cm^{-1}处为 C—H 弯曲振动吸收峰；1100～1200cm^{-1}处为环上 C—O 吸收峰；1000～1100cm^{-1}处是醇羟基的变角振动吸收峰；800～1000cm^{-1}处为糖苷键的特征吸收峰。

［课前预习］

（1）了解薄层色谱的基本原理。
（2）了解红外光谱分析测定物质的基本原理。
（3）了解多糖含量测定的基本原理。

［目的要求］

（1）掌握多糖提取与纯化的一般方法。
（2）掌握薄层色谱法分析单糖组成成分的原理与方法。
（3）了解红外光谱法鉴定多糖的原理和方法。
（4）掌握测定多糖含量的方法。

［设计思路］

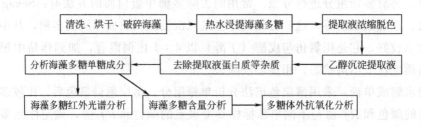

实验一 海藻多糖提取

［实验目的］

学习海藻多糖的提取纯化技术。

［实验材料］

海藻如羊栖菜。

［实验试剂］

（1）平衡缓冲溶液：0.01mol/L Tris-HCl，pH＝7.2。

（2）洗脱液 A：0.1mol/L NaCl，0.01mol/L Tris-HCl pH＝7.2；洗脱液 B：0.5mol/L NaCl，0.01mol/L Tris-HCl pH＝7.2。

（3）活性炭。

（4）Sevag 试剂：氯仿：正丁醇＝3：1。

（5）阴离子交换剂：DEAE-52。

［实验器材］

旋转真空蒸发仪、台式高速离心机、低中压色谱仪、烘箱、水浴锅、摇床、中草药研磨机。

［实验步骤］

（1）海藻样品的处理：将海藻清洗干净，然后将其烘干，用中草药研磨机将其打碎。

（2）热水浸提：按固液比为 1∶5（g/mL）将海藻粉末进行热水浸提，浸提温度为 70～80℃，浸提时间为 3～5h，浸提后过滤或者离心得到上清液，共进行 4 次热水浸提，之后合并 4 次提取液。

（3）浸提液浓缩：将上述提取液用真空旋转蒸发浓缩仪进行浓缩至原体积的 50%。

（4）脱色处理：以 1% 的比例往浓缩液中加入活性炭，搅拌均匀 15min 后过滤即可。

（5）乙醇沉淀：在浓缩液中加入 3 倍体积的无水乙醇搅拌，沉淀为海藻多糖和蛋白质的混合物，此为粗多糖。

注意：粗多糖为一种多糖的混合物，其中可能存在中性多糖、酸性多糖、单糖、低聚糖、蛋白质和无机盐，必须进一步纯化。

（6）去除杂蛋白：向粗多糖溶液中加入 Sevag 试剂，置于恒温振荡器中振荡过夜，使蛋白质充分沉淀，离心（3000r/min）分离，去除蛋白质。然后进一步浓缩，再将浓缩液进行透析。向透析液中加入 4 倍体积的无水乙醇沉淀多糖。离心得到沉淀，将沉淀冻干。

（7）多糖的离子交换色谱纯化：取已冻干样品溶于 10mL 0.01mol/L Tris-HCl，pH 为 7.2 的平衡缓冲液中，上样，用洗脱液 A 和洗脱液 B 进行线性洗脱，分步收集。色谱仪的吸收波长设为 215nm 使用电脑自动采集洗脱信号。各管用硫酸苯酚法检测多糖。合并多糖高峰部分，浓缩后透析，冻干，即得多糖组分。

实验二 海藻多糖的含量测定

[实验原理]

浓硫酸可水解糖苷键，单糖可被浓硫酸脱水形成糖醛或其他衍生物（如羟基糖醛），糖醛类的化合物同苯酚缩合形成一种橘黄色复合物，最大吸收波长为 490nm，最低检出量为 $10\mu g/mL$。

[实验目的]

学习苯酚-硫酸法测定多糖含量的原理与操作要点。

[实验材料]

海藻多糖提取纯化样品。

[实验试剂]

（1）5％苯酚水溶液：称取 5g 苯酚，用蒸馏水定容至 100mL。

（2）葡萄糖标准液（100$\mu g/mL$）：准确称取 0.1000g 葡萄糖，溶解，定容至 1000mL。

（3）30％ KOH 溶液：称取 30g KOH，溶解，定容至 100mL。

[实验器材]

紫外分光光度计、具塞刻度试管 20mL（14 支）、试管架、移液管（1mL 3 支，5mL 1 支）、100mL 容量瓶。

[实验步骤]

（1）绘制标准曲线：取 6 支具塞刻度试管，按表 3-1 操作，以 A_{490} 为纵坐标，糖浓度为横坐标绘制标准曲线。

（2）样品处理：取海藻多糖提取纯化样品 1mL，加入 30％ KOH1.5mL，沸水浴 20min，每隔 5min 振摇一次，冷却后定容至 100mL。

（3）取两支具塞刻度试管，标为样品Ⅰ和样品Ⅱ，按表 3-1 操作，通过计算机作图绘出的方程计算出未知样品的糖含量，该糖浓度即为未知样品糖浓度（若未知样品是经过稀释后测定的，那么未知样品糖浓度应再乘以稀释倍数）。

表 3-1 标准曲线及未知样品含糖量的测定

试剂 \ 管号	0	1	2	3	4	5	样品Ⅰ	样品Ⅱ
标准葡萄糖/mL	0	0.1	0.3	0.5	0.7	1.0	1.0	1.0

试剂 ＼ 管号	0	1	2	3	4	5	样品Ⅰ	样品Ⅱ
蒸馏水/mL	1.0	0.9	0.7	0.5	0.3	0	0	0
5%苯酚/mL	1.0	1.0	1.0	1.0	1.0	1.0	1.0	1.0
浓硫酸/mL	5.0	5.0	5.0	5.0	5.0	5.0	5.0	5.0
摇匀,室温放置 20min								
A_{490}								

[注意事项]

(1) 因浓硫酸有腐蚀性,加入时应小心。

(2) 加入浓硫酸后应立即摇匀,否则影响比色。

(3) 所选的波长应随选择的标准物不同而不同。

(4) 取量溶液要准确。

实验三　还原糖的测定

[实验原理]

糖类包括单糖、双糖和多糖,其中单糖和某些双糖具有游离羰基和醛基,因此具有还原性,可使用还原糖的测定方法测定其含量。对于不具有还原性的多糖,可先将其水解为具有还原性的单糖或双糖,然后测定其含量。一定量的碱性酒石酸铜甲液与碱性酒石酸铜乙液等量混合,会立即产生天蓝色的氢氧化铜沉淀。这种沉淀会与酒石酸钾快速反应,生成深蓝色的可溶性酒石酸钾钠铜络合物。在加热条件下,以次甲基蓝作为指示剂,用还原糖进行滴定时,还原糖与酒石酸钾钠铜反应,生成红色的氧化亚铜沉淀。此种沉淀与亚铁氰化钾络合成可溶的无色络合物,二价铜全部被还原后,稍过量的还原糖将次甲基蓝还原,溶液由蓝色变为无色,即为滴定终点。根据样液消耗量计算出还原糖含量。

[实验目的]

学习铁氰化钾法测定还原糖的操作方法。

[实验材料]

冻干海藻多糖样品。

[实验试剂]

(1) 碱性酒石酸铜甲液:称取 15g 硫酸铜($CuSO_4 \cdot 5H_2O$)及 0.05g 次甲基蓝,溶于水中并稀释至 1000mL。

（2）碱性酒石酸铜乙液：称取酒石酸钾钠 50g 及 75g 氢氧化钠，溶于水中，再加入 4g 亚铁氰化钾，完全溶解后，用水稀释至 1000mL，贮存于橡皮塞玻璃瓶中。

（3）乙酸锌溶液：称取 21.9g 乙酸锌 $[Zn(CH_3OO)_2 \cdot 2H_2O]$，加 3mL 冰乙酸，加水溶解并稀释至 100mL。

（4）亚铁氰化钾溶液：称取 10.6g 亚铁氰化钾 $[K_4Fe(CN)_6 \cdot 3H_2O]$，溶于水中，稀释至 100mL。

（5）浓盐酸、6mol/L 盐酸。

（6）葡萄糖标准溶液：称取 1.0000g 经过 98～100℃ 干燥至恒重的纯葡萄糖，加水溶解后加入 5mL 盐酸，并用水稀释至 1000mL，得到浓度为 1mg/mL 葡萄糖溶液。

（7）40% 氢氧化钠。

[实验器材]

250mL 锥形瓶、玻璃珠、铁架台、250mL 带冷凝回流装置、酸式滴定管、具有一定安全性的热源（电炉或光波炉）。

[实验步骤]

（1）样品多糖酸水解

称取提取纯化得到的多糖冻干粉约 1g 放入 250mL 冷凝回流瓶中，加入 30mL 蒸馏水，再加入 20mL 6mol/L HCl，搅匀。连接好冷凝装置，在沸水浴中加热 2h，冷凝回流。将多糖全部转化成单糖。然后用 40% 的氢氧化钠粗调，用低浓度的氢氧化钠细调，将单糖溶液的 pH 调整至 6.8～7.2 之间。

（2）样品预处理

取多糖酸水解中和液→250mL 容量瓶中→慢慢加入乙酸锌溶液、亚铁氰化钾溶液各 5mL→定容、摇匀，静置 30min→过滤（弃去初滤液）→滤液备用。

（3）碱性酒石酸铜溶液的标定

在 250mL 锥形瓶（玻璃珠 3 粒）中加入碱性酒石酸铜甲液、碱性酒石酸乙液各 5mL，水 10mL→从滴定管放入 9mL 葡萄糖标准溶液→加热（2min 内沸腾）→沸腾 30min→用葡萄糖标准溶液以 1 滴/2s 的速度继续进行滴定→蓝色刚好褪去时记录葡萄糖标准溶液的消耗量（单位：mL）。

（4）样品溶液预测

在 250mL 锥形瓶（玻珠 3 粒）中加入碱性酒石酸铜甲液、碱性酒石酸乙液各 5mL，水 10mL→加热（2min 内沸腾）→以先快后慢的速度从滴定管中滴加试样溶液，保持溶液沸腾状态，待颜色变浅，以 1 滴/2s 的速度滴定，溶液蓝色刚好消失时为终点，记录样液消耗量（应与标定碱性酒石酸铜溶液时所消耗的葡萄糖标准溶液体积接近，若太高则要适当稀释再进行正式滴定，过低则可以直接加 10mL 样液而不加 10mL 水，再用还原糖标准溶液滴定至终点，记录消耗的体积与标定时消耗的还原糖标准溶液的体积之差，正式滴定时需加上差值）。

（5）试样溶液测定

在 250mL 锥形瓶（玻璃珠 3 粒）碱性酒石酸铜甲液、碱性酒石酸铜乙液各 5mL，水 10mL→从滴定管滴加比预测体积少 1mL 的试样溶液至锥形瓶→加热（2min 内沸腾）→趁沸继续以 1 滴/2s 的速度滴定→溶液蓝色刚好消失时为终点，记录样液消耗量（平行操作三次）。

（6）计算方法

$$样品中粗多糖的含量 = \frac{V_G \times c \times V_1}{m \times V_2 \times 1000} \times 0.9$$

式中　V_G——10mL 酒石酸铜溶液（甲、乙各 5mL）消耗标准葡萄糖溶液体积，mL；

　　　c——标准葡萄糖溶液的浓度，mg/mL；

　　　V_2——测定时平均消耗样品溶液的体积，mL；

　　　V_1——酸水解中和后定容的样品体积，mL；

　　　0.9——还原糖换算成多糖的系数。

[注意事项]

（1）碱性酒石酸铜甲液、碱性酒石酸铜乙液应分别储存，需要用时才混合，否则酒石酸钾钠铜络合物长期在碱性条件下会慢慢分解析出氧化亚铜沉淀，降低试剂有效浓度。

（2）为消除氧化亚铜沉淀对观察滴定终点的干扰，在碱性酒石酸铜乙液中加入少量的亚铁氰化钾，使之与氧化亚铜生成可溶性的络合物，而不再析出红色沉淀，消除了沉淀对观察滴定终点的干扰，使终点更为明显。

（3）本法是以测定过程中 Cu^{2+} 量为计算依据，故样品处理时不能用硫酸铜-氢氧化钠溶液为澄清剂，以免引入 Cu^{2+} 而影响测定结果。

（4）滴定必须在沸腾条件下进行，一是因为可以加快还原糖与 Cu^{2+} 的反应速度；二是次甲基蓝的反应是可逆的，还原性的次甲基蓝遇到空气中的氧时有会被氧化，此外氧化亚铜本身极不稳定，易被空气中的氧氧化。因而保持沸腾可以防止空气进入，避免次甲基蓝和氧化亚铜被氧化而增加耗糖量。

（5）样液必须进行预测，因为本法对样品溶液中还原糖浓度有一定要求（0.1％左右），测定时样液的消耗量应与标定时葡萄糖标准溶液的消耗量接近，通过预测可以了解样液浓度是否适合，若浓度过大或过小可进行调整，使预测时消耗样液量在 10mL 左右；另外通过预测可知道样液大概消耗量，以便在正式测定时预先加入比实际用量少 1mL 左右的样液，只留下 1mL 样液在续滴定时加入，确保在规定时间内完成续滴定工作，提高测定的准确度。

[思考题]

用直接滴定法测定还原糖时，应从哪几个方面控制以减少误差？

实验四　海藻多糖的单糖成分分析

[实验材料]

学习薄层色谱法分析多糖中单糖成分的原理与操作。

[实验材料]

海藻多糖提取纯化样品。

[实验试剂]

(1) 展开剂：正丁醇：乙酸乙酯：异丙醇：乙酸：水：吡啶＝7：20：12：7：6：7。

(2) 显色剂：1,3-二羟基萘硫酸溶液（0.2％ 1,3-二羟基萘硫酸溶液）：浓硫酸＝1：0.04（体积分数）。

(3) 单糖标准品：葡萄糖、半乳糖、山梨糖、岩藻糖、木糖、阿拉伯糖、甘露糖。

(4) 浓硫酸、氢氧化钡、氯仿、正丁醇、乙醇等均为分析纯，硅胶，羧甲基纤维素钠（或者购买现成的硅胶色谱板）。

[实验器材]

玻璃板、色谱缸、烘箱。

[实验步骤]

(1) 薄层板制备

称取 1g 硅胶 G-254，放在研钵中，加 3.4mL 0.5％羧甲基纤维素钠，朝一个方向研磨混合均匀，去除表面气泡后，倒到干净的玻璃板上，将玻璃板置于水平面上多次颠振直至玻璃板上的薄层表面均匀，平整，无气泡，无破损及污染。涂布过程采用倾淌法，中途切勿停留或断流，一定要保证均匀涂布，完成后于 110℃烘烤 30min，冷却后立即使用或置干燥器中备用。或者直接购买市面上现成的硅胶色谱板。

(2) 多糖水解样品的制备

称取 0.1g 海藻多糖提取纯化样品于 10mL 离心管中，加入 1mol/L 的硫酸 1mL，封管，100℃恒温水解 2h，冷却后加入氢氧化钡中和至中性，过滤除去硫酸钡沉淀，得到多糖水解澄清液。

(3) 点样

点样前用铅笔在距离活化的硅胶底边 2cm 处画一细线，并轻轻画出点样的起始点标记。点样时用微量取液器量取 5μL 标准单糖液和多糖水解液，分多次加到板上，一般为圆点，圆点直径一般不大于 5mm。

（4）展层

将点好样品的薄层板置于薄层色谱缸中，用新配制的展开剂，采用倾斜上行法层析，将薄层板的下端浸在展层剂中 0.5～1.0cm 勿将样品浸入展开剂中，展层剂借毛吸作用上行，至展层剂距薄层板上的上端约 1cm 时取出。放置通风处自然干燥。

（5）显色

用喷雾剂喷雾，然后将硅胶板置于 95℃ 干燥 25min，取出后冷却至室温即可。

（6）计算 Rf 值

Rf＝展层斑点中心与原点之间的距离/溶剂前沿与原点之间的距离。与标准液斑点比较得到结论。

[注意事项]

薄层色谱前应保证色谱缸内有充分的饱和蒸汽。否则由于展开剂的蒸发，会使其各组分的比例发生改变而影响色谱效果。由于溶剂的蒸发是从薄层中央向两边递减，导致溶剂呈弯曲状，使斑点在边缘的 Rf 值高于中部的 Rf 值，预先用展开剂饱和色谱装置可以消除这种边缘效应。

实验五　海藻多糖的红外光谱分析

[实验材料]

冻干海藻多糖样品。

[实验试剂]

溴化钾（KBr）。

[实验器材]

布鲁克 V70 傅里叶红外光谱仪、压片机、玛瑙研钵。

[实验步骤]

（1）打开红外光谱仪并稳定约 5min，同时进入对应的计算机工作站。

（2）样品制备——溴化钾压片法：取 1～2mg 冻干海藻多糖，加入在红外灯下烘干的 100～200mg 溴化钾粉末，在玛瑙研钵中充分磨细（颗粒约 2μm），使之混合均匀。取出约 80mg 混合物均匀铺洒于干净的压模内，于压片机上制成透明薄片。将此片装于固体样品架上，样品架插入红外光谱仪的样品池处。

（3）波数检验：从 4000～400cm^{-1} 进行波数扫描，得到吸收光谱。

[思考题]

1. 哪些方法可以测多糖含量？
2. 影响薄层色谱实验成功的关键因素有哪些？
3. 红外光谱分析多糖样品的原理是什么？
4. 粗多糖中含有哪些主要物质？除去蛋白质的实验方法主要是哪些？
5. 产品纯度直接影响多糖制品官能团的判断，请根据粗多糖主要成分设计纯化多糖的实验思路。

实验六　多糖清除·OH 能力测定

[实验原理]

羟基自由基是氧化性最强的活性氧自由基，它几乎能与活细胞中任何生物大分子发生反应，且反应速度快、存在浓度低。Fenton 反应产生·OH，反应式如下：

$$Fe^{2+} + H_2O_2 \longrightarrow Fe^{3+} + OH^- + \cdot OH$$

在反应体系中加入水杨酸，·OH 氧化水杨酸并产生紫红色产物 2,3-二羟基苯甲酸和 2,5-二羟基苯甲酸，该产物在 510nm 处有强吸收，若加入羟基自由基清除剂，便会与水杨酸竞争，与·OH 结合，并将其部分清除，从而使有色产物的生成量减少，吸光值与·OH 的量成正比，吸光度越低，清除·OH 效果越好。

[实验目的]

(1) 初步掌握采用分光光度法测定多糖清除 Fenton 反应产生羟基自由基的原理与方法。
(2) 学习分光光度计的使用方法。

[实验材料]

提取纯化多糖样品。

[实验试剂]

(1) 1.8×10^{-3} mol/L FeSO₄：准确称取 0.05g FeSO₄·7H₂O，蒸馏水溶解，定容至 1000mL。
(2) 1.8×10^{-3} mol/L 水杨酸-乙醇溶液：准确称取 0.1249g 水杨酸，用无水乙醇溶解，定容至 1000mL。
(3) 待测样品液：配制成一定浓度的多糖溶液。
(4) 0.3% H₂O₂：准确量取 1mL 30% H₂O₂，加水定容至 100mL。

[实验器材]

紫外-可见分光光度计、水浴锅、20mL 具塞比色管。

[实验步骤]

(1) 取多糖待测液 2mL，加入 1.8×10^{-3} mol/L $FeSO_4$ 溶液 2mL，1.8×10^{-3} mol/L 水杨酸-乙醇溶液 1.5mL，0.3% H_2O_2 溶液 0.1mL 摇匀，37℃下反应 30min，在 510nm 波长处测定其吸光度 A_{s_i}，以空气作为空白调零。

(2) 取蒸馏水 2mL，加入 1.8×10^{-3} mol/L $FeSO_4$ 溶液 2mL，1.8×10^{-3} mol/L 水杨酸-乙醇溶液 1.5mL，0.3% H_2O_2 溶液 0.1mL 摇匀，37℃下反应 30min，在 510nm 波长处测定其吸光度 A_0，以空气作为空白调零。

(3) 按下式计算自由基的清除率（单位：%）：

$$自由基清除率/\% = (A_0 - A_s)/A_0$$

式中 A_0——未加抗氧化剂的吸光度；

A_s——多糖样品液产生抗氧化作用的吸光度。

实验七 多糖的铁离子还原能力测定

[实验原理]

在酸性条件下，Fe^{3+}-TPTZ 复合物被抗氧化剂还原成 Fe^{2+} 形式时，溶液呈深蓝色，并在 593nm 处有最大吸收峰。故可用分光光度计检测 Fe^{2+}-TPTZ 复合物的生成量来估算抗氧化剂的效果（还原能力）。一般情况下，物质的还原能力越强，其抗氧化活性也越强。

反应方程式： $Fe^{3+}\text{-TPTZ} \longrightarrow Fe^{2+}\text{-TPTZ}(蓝色)$

[实验目的]

(1) 通过实验，初步掌握 FRAP 法测定还原力的原理与方法。

(2) 了解多糖的抗氧化性质。

[实验材料]

提取纯化多糖样品。

[实验试剂]

(1) 300mmol/L 醋酸-醋酸钠缓冲液（pH3.6）的配制：准确称取 1.87g 无水醋酸钠，用蒸馏水将其溶解加入 16mL 无水醋酸，然后加水定容至 1L，混匀。

(2) 10mmol/L 三吡啶三吖嗪（TPTZ）溶液的配制：准确称取 0.1594g 三吡啶三吖嗪

（TPTZ）溶解在 50mL 40mmol/L 的 HCl 溶液中。

（3）20mmol/L FeCl$_3$ 溶液。

（4）FRAP 工作液的配制：取 300mmol/L 醋酸-醋酸钠缓冲液（pH3.6）25mL，10mmol/L 三吡啶三吖嗪（TPTZ）的 HCl 溶液 2.5mL 与 20mmol/L FeCl$_3$ 溶液 2.5mL，混匀，备用。FRAP 工作液每次试验必须配制新鲜溶液，配制好的久置后不可再用。

（5）标准 100mmol/L FeSO$_4$ 溶液。

[实验器材]

紫外-可见分光光度计、水浴锅、20mL 具塞比色管。

[实验步骤]

（1）标准曲线的制作

参照表 3-2 加入各种试剂。以 0 号管作为空白管调零。

以 FeSO$_4$ 溶液浓度（单位：mmol/L）为横坐标，A_{593} 吸光值为纵坐标制作标准曲线。

表 3-2　FeSO$_4$ 标准曲线的制作

操作＼管号	空白	标准 FeSO$_4$ 溶液浓度梯度					
	0	1	2	3	4	5	6
标准 FeSO$_4$ 溶液(100mmol/L)/mL	0	0.1	0.2	0.4	0.6	0.8	1.0
蒸馏水/mL	2.0	1.9	1.8	1.6	1.4	1.2	1.0
FRAP 工作液/mL	3.0	3.0	3.0	3.0	3.0	3.0	3.0
温浴	37℃温浴 10min						
A_{593} 吸光度							

（2）样品多糖总抗氧化活性测定

在试管中加入一定质量浓度的多糖水溶液 3mL，再加入 3mL FRAP 工作液（37℃预热），以 0 号空白管调零，混匀后于 37℃反应 10min，于 593nm 处测定吸光度，平行测定 3 次，取平均值。其抗氧化活性（FRAP 值）以相同吸光度的 FeSO$_4$ 浓度表示。

[注意事项]

（1）在酸性条件下呈蓝色或接近蓝色的试剂会对实验的检测产生干扰，需尽量避免。

（2）样品中含有外加的较高浓度的铁盐或亚铁盐，会干扰测定。

（3）TPTZ 对人体有刺激性，请注意适当防护，请穿实验服并戴一次性手套操作。

实验八　多糖清除 DPPH·能力测定

[实验原理]

抗氧化就是任何以低浓度存在就能有效抑制自由基的氧化反应的物质，其作用机制可以是直接作用在自由基，或是间接消耗掉容易生成自由基的物质，防止发生进一步反应。

1,1-二苯基-2-苦肼基(1,1-diphenyl-2-picrylhydrazyl，DPPH·)是一种稳定的以氮为中心的自由基，其乙醇溶液显紫色，最大吸收波长为517nm。当DPPH溶液中加入自由基清除剂时，其单电子被捕捉而使溶液颜色变浅，呈黄色或淡黄色，在517nm处的吸光度变小，其变化程度与自由基清除程度呈线性关系，故该法可用清除率表示，清除率越大，表明该物质抗氧化能力越强。

[实验目的]

学习多糖清除DPPH·的原理与操作方法。

[实验材料]

提取纯化多糖样品。

[实验试剂]

(1) DPPH·溶液：准确称取10mg DPPH，用无水乙醇溶解并定容于250mL容量瓶中，DPPH·浓度为1×10^{-4}mol/L，0~4℃避光保存。

(2) 无水乙醇。

(3) 待测样品液：配制成的一定浓度的多糖溶液。

[实验器材]

紫外-可见分光光度计、水浴锅、20mL具塞比色管。

[实验步骤]

(1) 取多糖待测液2mL，加入1×10^{-4}mol/L的DPPH·溶液2mL，摇匀，室温避光静置30min，在517nm波长处测定其吸光度A_i，以空气作为空白调零。

(2) 取蒸馏水2mL，加入1×10^{-4}mol/L的DPPH·溶液2mL，摇匀，室温避光静置30min，在517nm波长处测定其吸光度A_0，以空气作为空白调零。

(3) 取蒸馏水2mL，加入多糖待测溶液2mL，摇匀，室温避光静置30min，在517nm波长处测定其吸光度A_j，以空气作为空白调零。

(4) 按下式计算各个样品对DPPH·的清除率/%。

$$DPPH·清除率/\% = [A_0-(A_i-A_j)]/A_0$$

式中　A_0——蒸馏水+DPPH·溶液的吸光值；

A_i——多糖样品液+DPPH·溶液的吸光值；

A_j——多糖样品液的本底吸光值。

项目二　食用菌多糖的提取与分离纯化——以平菇为例

 实验导读

平菇（*Pleurotus ostreatus*）又名侧耳、秀珍菇，属于担子菌门伞菌亚门伞菌纲伞菌目侧耳属，是一种常见的食用菌，在我国栽培广泛。平菇营养丰富、味道鲜美，还可以入药，是食用药用菌。每百克干品含蛋白质 $7.8 \sim 17.8g$、脂肪 $1.0 \sim 2.3g$、粗纤维 $5.6g$、还原糖 $0.87 \sim 1.8g$、多糖类 $57.6 \sim 81.8g$，其多糖含量极其丰富。平菇多糖是一种高分子多糖类活性物质，具有抗氧化、抗肿瘤和免疫调节等活性，而且对 DPPH·自由基具有明显的清除作用，除现有的生物活性的临床应用外，对其开发特质性功能仍在研究中，拥有巨大的市场潜能。

 基本原理

微波萃取是利用电磁场的作用使固体或半固体物质中的某些有机物成分与基体有效地分离，并能保持分析对象的原本化合物状态的一种分离方法。物料在微波辐射下吸收微波能，细菌内部的温度将迅速上升，从而使细胞内部的压力超过细胞壁膨胀所能承受的能力，最终细胞破裂，其内的有效成分自由流出，溶解于萃取剂中。而且微波所产生的电磁场可以加大被萃取组分的分子由固体内部向固液界面扩散的速率。微波萃取具有试剂用量少、加热均匀、热效率高、不存在热惯性、工艺简单及回收率高等优点，被誉为"绿色提取工艺"。

[课前预习]

(1) 掌握平菇子实体的特点。

(2) 掌握微波萃取操作的注意事项。

(3) 了解影响微波萃取的主要因素。

[目的要求]

掌握食用菌多糖提取的简单工艺。

[设计思路]

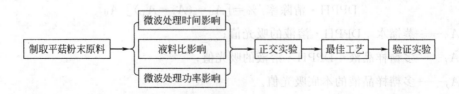

[实验目的]

学习微波辅助法提取平菇多糖的操作方法。

[实验材料]

使用清水将平菇子实体清洗干净，50℃烘干至恒重，以高速万能粉碎机粉碎后过 100 目筛，得子实体干粉备用。

[实验试剂]

95％乙醇、浓硫酸、苯酚、葡萄糖、氯仿、正丁醇、无水乙醇。

[实验器材]

高速万能粉碎机、紫外可见分光光度计、电子天平、旋转蒸发仪、微波炉、离心机、真空干燥箱。

[实验步骤]

（1）标准曲线的绘制

取 7 支试管并编号 1～7。1 号管中加入 1mL 蒸馏水；2～6 号管中分别加入 0.1mg/mL 葡萄糖标准品溶液 0.1mL、0.2mL、0.4mL、0.6mL、0.8mL，加蒸馏水至 1mL；7 号管中加入 0.1mg/mL 葡萄糖标准品溶液 1mL。在冰水浴中加入 5％苯酚水溶液 0.5mL、浓硫酸 5mL，混匀，沸水浴 2min，冷水浴冷却，以 1 号管为对照，于 485nm 波长下测定各管吸光值，以浓度（c）为横坐标、吸光度（A）为纵坐标，绘制标准曲线。测定的结果填写在表 3-4 中。

（2）平菇多糖提取流程

称取 5g 平菇子实体干粉加入蒸馏水→微波处理→离心（4000r/min，15min）取上清液（沉淀二次如前处理，然后合并上清液）→真空干燥仪浓缩至 10mL→1/2 体积 Sevage 试剂（氯仿、正丁醇体积比 4∶1）去除蛋白质→离心（4000r/min，15min）取上清液→3 倍体积无水乙醇沉淀（4℃静置 12h）→离心（4000r/min，15min）取沉淀→无水乙醇洗涤沉淀三次→干燥→得多糖粗提物。

（3）单因素实验

微波处理时间对平菇多糖得率的影响：在液料比为 40∶1（mL/g）微波功率为 600W 的条件下，设置微波处理时间为 1min、2min、3min、4min、5min、6min。计算各微波处理时间下的平菇多糖得率。

液料比对平菇多糖得率的影响：在微波功率为 600W，微波处理时间为 3min 的条件下，设置液料比 20∶1（mL/g）、30∶1（mL/g）、40∶1（mL/g）、50∶1（mL/g）。计算各液料比下平菇多糖得率。

微波功率对平菇多糖得率的影响：在液料比为 40∶1（mg/g）的微波时间 3min 条件下，设置微波功率为 500W、600W、700W、800W。计算各微波功率下的平菇多糖得率。

（4）正交实验

在单因素实验的基础上，以平菇多糖得率作为考察指标，选取微波功率（单位：W）、微波时间（单位：min）、液料比（单位：mL/g）作为考察因素，各取 3 个水平，进行 L_9 (3^3) 正交实验，以确定平菇多糖的最优提取工艺条件。正交试验因素与水平设计如表 3-3 所示。

表 3-3　正交试验因素水平表

水平	因素		
	A 微波功率/W	B 微波时间/min	C 液料比/(mL/g)
1	500	2	30
2	700	3	40
3	800	4	50

[实验结果提示]

（1）标准曲线绘制（表 3-4）

表 3-4　标准曲线绘制

项目＼编号	1	2	3	4	5	6	7
浓度/(μg/mL)	0	10	20	40	60	80	100
A_{485}							
回归方程						R^2	

（2）多糖得率和多糖粗提物纯度的计算

多糖得率（单位：%）：计算公式如下：

$$多糖得率 = 粗多糖干重(M)/子实体干重$$

取多糖粗提物，用蒸馏水溶解至适当体积 V（mL），苯酚-硫酸法测得 485nm 波长下吸光度，代入标准曲线得多糖粗提物水溶液浓度 c（μg/mL），可计算多糖粗提物纯度：

$$多糖粗提物纯度 = \frac{c \times V}{M}$$

（3）正交实验结果及分析

将实验结果记录于表 3-5 中。

表 3-5　正交实验结果表

实验号	因素			得率/%
	A	B	C	
1	1	1	1	
2	1	2	2	

续表

实验号	因素			得率/%
	A	B	C	
3	1	3	3	
4	2	1	2	
5	2	2	3	
6	2	3	1	
7	3	1	3	
8	3	2	1	
9	3	3	2	
K_1				
K_2				
K_3				
R				

3 个因素对平菇多糖得率的影响主次顺序为_____＞_____＞_____＞，最佳平菇多糖提取工艺条件为 A___B___C___，验证得率为_____，纯度为_____。

（4）按最佳组合条件，重新做提取实验，以验证该工艺的正确性。

［注意事项］

测定多糖浓度时注意浓硫酸的安全使用。

［思考题］

在真菌细胞中，通常破碎细胞壁是提取其内容物的首要问题，比如灵芝孢子粉，那么在本实验中，除采用微波处理方法外，还可以采用哪些方法达到此目的，请设计简单的实验方案。

第四章　脂类综合实验——
植物油脂的研究

 实验导读

　　植物精油大多来自低油料作物，具有芳香味，是芳香疗法中的主要成分。它们可通过排泄、排汗、呼吸等方式排出体外，不会残留在体内。但高浓度植物精油的刺激性强，会对皮肤造成伤害，一般须对精油进行稀释处理，稀释剂一般为基础油，常见的基础油有甜杏仁油、小麦胚芽油、葡萄籽油、荷巴油等。基础油可以作为皮肤保养用油，也是制作按摩油的基础油。基础油必须是不会挥发且最好是未经过化学提炼的植物油，这类油脂富含维生素D、维生素E及碘、钙、镁、脂肪酸等，可用来稀释精油，并协助精油迅速被皮肤吸收。

　　基础油多来自高油料作物。油脂是液态油和固态脂肪的总称。在常温下，油脂中呈液态的称为油，如花生油、豆油、菜籽油、蓖麻油、桐油等；呈固态的称为脂肪，如牛油、猪油、奶油等。植物油脂通常还有丰富的不饱和脂肪酸。高级脂肪酸中的亚油酸、亚麻酸、花生四烯酸等是人和动物必需脂肪酸，完全从食物中获得。

 基本原理

　　植物油脂的提取方法有很多，主要是压榨法、水酶法、超临界流体萃取法、溶剂浸出法及水代法等。

　　压榨法为传统的制油工艺，属于物理过程。通过机械压力把油从植物油料中挤压出来，是油脂厂普遍采用的方法。原理是：旋转着的螺旋体在榨笼的推进作用下，使原料连续向前移动，植物油料由于受到挤压而破裂，油脂就被榨取出来。同时用适量的喷淋水把油脂从油料组织碎片中洗脱下来，再通过筛网过滤与沉降，经高速离心机离心分离，从而获得油脂粗品。

　　水酶法是利用机械和酶解的手段来破坏、降解植物种子的细胞壁，使其中的油脂得以释放出来。利用机械方法把油料作物粉碎到一定粒径，然后加入酶液把包裹油脂的纤维素、半纤维素、木质素等物质降解，使细胞壁破裂，油脂游离出来，然后再经固液分离，实现油脂和固体物料的分离。

　　超临界流体具有液体和气体的双重性，黏度小，具有良好的传递性，可迅速扩散进入溶质内部。超临界流体萃取法不加任何有机溶剂或者水溶剂，可以保证油脂的品质。

　　溶剂浸出法基本原理是通过溶质在两种互不相溶的萃取剂之间分配比例的不同，来实现液体混合物溶质之间的分离或提纯。溶剂萃取通常在常温或较低温度下进行，具有能耗低的特点，较适用于热敏性物质的分离。利用有机溶剂将油脂从植物油料中提取出来，然后对有机溶剂进行真空蒸发回收，进而达到提取油脂的目的。

水代法原理就是以水代油，由于蛋白质的亲水性强，而油脂的憎水性强，水渗入油料细胞组织中将油脂取代出来。利用水代法提取的油脂，毛油不需进一步精炼就能得到比较澄清的成品油。水代法提油使用的设备简单，操作工艺也不复杂，不耗用有机溶剂，减少了对产品和环境的污染。提取出的油脂品质好，因此也是常用的油脂提取方法。我们生活中的调味佳品小磨香油就是用此法制成的。

油脂产品的化学性能可以用酸价、碘值、过氧化值及皂化价等指标进行评定分析。了解油脂化学性质的测定方法对控制、应用处理已有油脂及开发新油脂资源和油脂新产品具有重要意义。

油脂酸价又称油脂酸值，是指中和 1g 游离脂肪酸所需 KOH 的质量。油脂酸价的大小与植物油料、油脂制取与加工的工艺、油脂的贮运方法及贮运条件等有关。如成熟油料种子与不成熟或正发芽生霉的种子相比，提取出的油脂酸价较小。甘油三酯在制油过程受热或在解脂酶的作用下，都会发生分解而产生游离脂肪酸，从而使油脂酸价增加。油脂在贮藏期间，由于水分、温度、光线、脂肪酶等因素的作用，也会分解为游离脂肪酸，使酸价增大，贮藏稳定性降低。因此油脂酸价的大小是油脂精炼程度和储藏稳定性的重要指标，也可用来评价油脂品质的优劣。

酸价的测定主要是用中性乙醚-乙醇混合液将油脂溶解，再用碱标准溶液进行滴定。油脂中的游离脂肪酸与 KOH 发生中和反应，从 KOH 标准溶液消耗量可计算出游离脂肪酸的量。反应式如下：

$$RCOOH + KOH \longrightarrow RCOOK + H_2O$$

碘值也称碘价，是指 100g 油脂在一定条件下吸收碘的克数，它反映了油脂的不饱和度。不同油品其碘值范围不同，因此通过碘值分析有助于检验油品组成有无掺杂等。在油脂氢化过程中，根据碘值分析还可以计算油脂所需要的氢气量及检查油脂的氢化程度。

碘值的检测方法常用的有哈纳斯（Hanus）法和魏吉斯（Wijs）法。

哈纳斯法的原理：将油样溶解后加入哈纳斯试剂，溴化碘与油脂中的不饱和脂肪酸发生加成反应，再加入过量的碘化钾与过量的溴化碘作用，析出碘，析出的碘用硫代硫酸钠标准溶液进行滴定，即可求得油脂的碘值。

哈纳斯法的反应如下：

$$I_2 + Br_2 \longrightarrow 2IBr(Hanus\ 试剂)$$
$$IBr + -CH = CH- \longrightarrow -CHI-CHBr-$$
$$KI + CH_3COOH \longrightarrow HI + CH_3COOK$$
$$HI + IBr \longrightarrow HBr + I_2$$
$$I_2 + 2Na_2S_2O_3 \longrightarrow 2NaI + N_2S_4O_6$$

改进的哈纳斯法是在不改变哈纳斯法操作步骤的情况下，在测定过程中加入催化剂醋酸汞。与哈纳斯法测定碘值相比，测定反应由 30min 缩短为 4min 即可完成，大大缩减了反应时间。魏吉斯法的原理：在溶剂中溶解样品并加入魏吉斯试剂，氯化碘则与油脂中的不饱和脂肪酸发生加成反应，再加入过量的碘化钾与过量的氯化碘作用，析出碘，析出的碘用硫代硫酸钠标准溶液进行滴定，即可求得油脂的碘值，魏吉斯法的反应如下：

$$I_2 + Cl_2 \longrightarrow 2ICl(\text{Wijs 试剂})$$

$$ICl + -CH = CH - \longrightarrow -CHI - CHCl -$$

$$KI + ICl \longrightarrow KCl + I_2$$

$$I_2 + 2Na_2S_2O_3 \longrightarrow 2NaI + Na_2S_4O_6$$

另外，近红外透射法是一种新型碘值测定方法，它具有快速、准确的优点，但由于光谱的叠加、信息较复杂，被测组分分析会受到其他组分的影响，因此需要将这些干扰因素考虑到定标样品集合中。

过氧化值：油脂在光、热、射线、过渡金属离子等因素的影响下，其不饱和脂肪酸会吸收空气中的氧，发生氧化反应，生成脂肪酸氢过氧化物，以及由其分解、聚合而产生的一系列氧化酸败产物，从而使油脂劣化、变质。严重变质的油脂对人体会产生毒性。油脂氧化反应所生成的脂肪酸氢过氧化物是导致油脂氧化酸败的主要物质，因此，测定油脂过氧化值的高低，可判定其氧化变质的程度，是量化油品品质的一个非常重要的指标。油脂过氧化值的两种测定法：滴定法和比色法。滴定法是在酸性条件下油脂中的过氧化物同过量的碘化钾反应生成碘后，用硫代硫酸钠标准溶液滴定生成的碘。比色法则利用碘与淀粉的显色反应并由标准曲线确定碘的生成量。比色法能对氧化程度各异的油脂的过氧化脂进行准确测定，同时它还具有操作简便、快捷，所用试剂少，样品消耗量小等优点。

皂化价：完全皂化 1g 油脂所需 KOH 的质量称为油脂的皂化价，通常以每克油脂中 KOH 的质量来表示。油脂中的主要成分是甘油三酯，但也会有部分游离脂肪酸存在。油脂的皂化就是皂化油脂中的甘油酯和油脂中所含的游离脂肪酸。因此，油脂的皂化价包含酯价和酸价，酯价是指皂化 1g 油脂内中性甘油酯时所需氢氧化钾的质量。皂化价的大小与油脂中甘油酯的平均分子量成反比。

天然油脂除主要含有高级脂肪酸甘油酯外，通常还含有一些非脂类化合物。这些非脂类化合物在皂化时不与碱反应。油脂皂化时，其中不能与碱作用的物质称为不皂化物。不皂化物包括一些高级醇、烃类、碳水化合物、有机色素、维生素等。天然油脂中不皂化物含量通常在 1% 以下，油脂用于食品时，其中的不皂化物常含有重要的营养成分。因此，了解油脂的皂化值，对于生产、生活都是非常有意义的。另外，根据油脂的皂化价再结合其他检验项目，可以对油脂的种类和纯度进行鉴定。

皂化价的测定有国标法、电导滴定法和电位滴定法。

国标法就是按照国家标准来对油脂类物质进行分析的方法。

电导滴定法的原理：在初始测量时，皂化液的电导率较高，逐渐滴加盐酸溶液时，首先过量的氢氧化钾被中和，电导率较大的 OH^- 被电导率较小的 Cl^- 所取代，溶液的电导率逐渐变小。达到滴定终点后，加入的盐酸进一步与脂肪酸钾发生中和反应，脂肪酸根离子被电导率相对较大的 Cl^- 所取代，溶液的电导率逐渐增加。电导率的转折点即为滴定终点。

电导滴定法和电位滴定法的精密度相当高，适用于有色油脂类皂化价的测定，国标法测定油脂皂化价所用仪器最少，操作最简便，但由于油脂自身颜色的干扰，影响酚酞指示剂变色的敏锐性，因而易引起误差，其测定精密度不高。因此，在测定有色油脂皂化价时，选用电位滴定法或电导滴定法有助于提高测定的精密度和准确性。

气相色谱是以气相为流动相，以固相或载有液相的固体为固定相进行物质分离的。其原理就是利用试样中各组分在气相和固定相间的分配系数不同，当汽化后的试样被载气带入色谱柱中运行时，组分就在流动相和固定相两相间进行反复多次分配，固定相对各组分的吸附或溶解能力不同，因此各组分在色谱柱中的运行速度就不同，经过一定的柱长后，便彼此分离，按顺序离开色谱柱进入检测器，产生的离子流讯号经放大后，在记录器上描绘出各组分的色谱峰。再根据质谱图与色谱峰进行对照，从而获得组分的百分含量。

高级脂肪酸与丙三醇或高级一元醇生成单脂，单脂再与磷酸、含氮碱或糖类结合构成复合脂。单脂和复合脂参与细胞、细胞器等结构组成，具有多方面的生物学功能。高级脂肪酸的差异，往往赋予不同的物种、品种或个体不同的遗传或生理特性。高级脂肪酸中的亚油酸、亚麻酸、花生四烯酸等是人和动物必需脂肪酸，完全从食物中获得。因此，生物材料或农牧产品中高级脂肪酸组分的分析在生物科研和食品营养评价中都具有重要的意义。油脂在碱性条件下水解形成的脂肪酸挥发性小，不易气化，因此在分析前，必须将脂肪酸进行甲酯化处理，然后经气相色谱仪分离即可确定脂肪酸组分及含量。

［课前预习］

（1）油脂的提取纯化。

（2）油脂化学性质分析方法。

（3）脂肪酸 GC 法分析的原理与操作。

［目的要求］

（1）掌握植物油脂的一般提取方法。

（2）掌握油脂指标的分析方法。

（3）掌握油脂组成成分的气相色谱分析方法。

［设计思路］

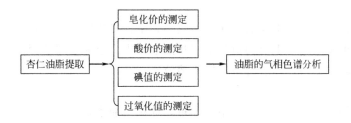

实验一　杏仁油脂的提取

［实验材料］

杏仁（市场购买）。

[实验试剂]

0.5mol/L KOH。

[实验器材]

磁力搅拌器、酸度计、高速台式离心机、电子天平、数控超声波清洗机、烘箱、中草药粉碎机。

[实验步骤]

（1）原料预处理

将杏仁洗干净后烘干，烘箱温度设置为60℃以内。然后将一定量的干制杏仁用粉碎机粉碎成粉状。

（2）杏仁溶解

将粉状杏仁与一定温度的蒸馏水按一定比例混合，充分搅拌，使其充分分散至蒸馏水中。粉碎出来的油脂将浮于水体表面。

（3）调节pH

将上述充分分散的料浆用配好的0.5mol/L的氢氧化钾调节pH在7～9之间。

（4）油脂的进一步提取

在一定温度下，对浆料进行搅拌，使水分与杏仁颗粒充分作用，进一步提取油脂。

注意：亲水性蛋白质会溶解在水分中，但也会有部分蛋白质溶解在提取出来的油脂中，形成乳化油层，此时，蛋白质束缚着油脂而无法释放出来。从而形成稳定的乳状油，因此，需要对该油层进行破乳。

（5）静置分离

恒温搅拌结束后，静置一段时间，浆料将分为三层，即粗油层、蛋白质溶液层、料渣层。将粗油层转移至含有一定量蒸馏水的烧杯中，且不断搅拌，促进油层与蛋白质的分离。

（6）超声波破乳

将第5步的粗油层放置于超声波清洗器中，设定一定功率进行超声破乳分离。

（7）离心分离

超声波破乳结束后，将上层清油转移至离心管中，然后以3000r/min离心30min，离心结束后，溶液将出现三层：上层为黄色透明状油层；中间层为薄层的固体蛋白质乳化层，是油脂和蛋白质的乳化油层；下层为蛋白质水溶液。

（8）称量与计算

取上层清油层转移至新的离心管中，称量，计算出油率。

实验二　油脂皂化价的测定

[实验材料]

纯化杏仁油脂。

[实验试剂]

（1）0.1mol/L 盐酸标准溶液：用量筒量取 8.5mL 浓盐酸加入 1L 容量瓶中，加蒸馏水稀释定容至 1L。此溶液浓度约为 0.1mol/L，然后对该溶液进行标定。标定方法如下：取 3～5g 无水碳酸钠，平铺于直径约为 5cm 的称量瓶中，在 110℃下烘 2h，置干燥器中冷至室温，在分析天平上准确称取已干燥过的碳酸钠两份，每份重约 0.13～0.159g，用 50mL 蒸馏水将其溶解，加 10 滴溴甲酚绿-甲基红指示剂，用待标定的盐酸溶液滴定至溶液由绿色变为暗红色，煮沸 2min，加盖具钠石灰管的橡胶塞，冷却，继续滴定至溶液再呈现暗红色。同时做空白实验。

按下式计算盐酸溶液浓度 c（以 mol/L 计）：

$$c(\text{HCl}) = \frac{m}{(V_1 - V_2) \times 0.053}$$

式中 m——Na_2CO_3 质量，g；

V_1——样品管滴定所消耗盐酸的体积，mL；

V_2——空白管滴定所消耗盐酸的体积，mL。

（2）0.1mol/L 氢氧化钠-乙醇溶液：准确称取 4.0g 氢氧化钠，加极少量蒸馏水使之溶解后，转移至 1000mL 容量瓶中。配好后以 0.1mol/L 盐酸标准溶液标定。

（3）1%溴酚蓝指示剂：准确称取溴酚蓝 1g，溶解于 100mL 无水乙醇中。

（4）丙酮水溶液：量取 20mL 水加入至 980mL 丙酮中，摇匀。使用前，每 100mL 中加入 0.5mL 1%溴酚蓝溶液，滴加盐酸或氢氧化钠溶液调节溶液呈黄色。

[实验器材]

分析天平（精度万分之一克）、250mL 具塞锥形瓶、水浴锅、5mL 或 10mL 微量滴定管（最小刻度 0.02mL）、1mL 移液管。

[实验步骤]

（1）准确称取油脂 40.00g，精确至 0.01g，置于 250mL 锥形瓶中，加入 1mL 水，将锥形瓶置于沸水中，充分摇匀。

注意：当油脂皂化值较高，测定时可以减少试样用量，如 4g。

（2）加入 50mL 丙酮水溶液，在水浴中加热后，充分振摇，静置后分为两层。

注意：如果油脂中含有皂化物，则上层将呈现绿色至蓝色。

（3）用微量滴定管趁热逐滴滴加盐酸标准溶液，每滴一滴振摇数次，滴至溶液从蓝色变为黄色。

（4）重新加热、振摇、滴定至上层黄色不褪色，记下消耗盐酸标准溶液的总体积。

（5）同时做空白试验。

（6）按下式计算皂化价（以质量分数计）：

$$皂化价 = \frac{(V - V_0) \times c \times 0.304}{W}$$

式中　V_0——空白实验所消耗的 0.1mol/L 盐酸溶液的体积，mL；

　　　V——皂化实验所消耗的 0.1mol/L 盐酸溶液的体积，mL；

　　　c——盐酸溶液的浓度，mol/L；

　　　W——油脂质量，g；

　0.304——每毫摩尔油酸钠的质量（g/mmol）。

实验三　油脂酸价的测定

[实验材料]

纯化杏仁油脂。

[实验试剂]

（1）醇醚混合液：分别用移液管移取一定量的 95％乙醇和乙醚，并按 1：1 的体积比进行混合。使用前每 100mL 混合溶液中加入 0.3 酚酞指示剂，用氢氧化钾乙醇溶液准确中和。

注意：乙醚高度易燃，并能生成爆炸性过氧化物，使用时必须特别谨慎。

（2）1％酚酞指示剂：准确称取酚酞 1g，溶解于 100mL 95％乙醇中。

（3）氢氧化钾 95％乙醇标准溶液，0.1mol/L 或必要时浓度为 0.5mol/L。（使用前必须知道溶液的准确浓度，并应经校正，使用前至少五天前配制溶液，移取上清液于棕色玻璃瓶中贮存，用橡皮塞塞紧。溶液应为无色或浅黄色）。

[实验器材]

分析天平（精度万分之一克）、10mL 滴定管（最小刻度 0.05mL）、锥形瓶 250mL。

[实验步骤]

（1）准确称取油脂 3～5g 于 250mL 锥形瓶中，加入预先中和过的乙醚-乙醇混合液溶解。加入酚酞指示剂 4 滴，用 0.1mol/L 氢氧化钾溶液边摇边滴定，直至指示剂显示终点（酚酞变为粉红色最少维持 10s 不褪色）。

注意：如果滴定所需 0.1mol/L 氢氧化钾溶液体积超过 10mL 时，可用浓度为 0.5mol/L 氢氧化钾溶液。

（2）按下式计算酸价 [中和 1g 油脂中游离脂肪酸所需氢氧化钾的质量（mg）]：

$$酸价 = \frac{V \times c \times 56.1}{W}$$

式中　c——氢氧化钾标准溶液的准确浓度，mol/L；

　　　V——样品消耗氢氧化钾溶液的体积的体积，mL；

W——样品质量，g；

56.1——氢氧化钾的摩尔质量，g/mol。

实验四　油脂碘值的测定

[实验材料]

纯化杏仁油脂。

[实验试剂]

(1) 标准硫代硫酸钠溶液（约 0.1mol/L）：称取 25g 纯硫代硫酸钠晶体（$Na_2S_2O_3 \cdot 5H_2O$）溶于煮沸后刚冷却的蒸馏水中，稀释至 1000mL，此溶液中可加少量无水碳酸钠。标定后 7 天内使用。

标定方法：准确称取 0.15～0.20g 重铬酸钾 2 份，分别置于两个 250mL 锥形瓶中，各加水约 30mL，溶解后加入固体碘化钾 2g 及 6mol/L 盐酸溶液 10mL，混匀塞好，置暗处3min，然后加水 20mL，用 $Na_2S_2O_3$ 滴定。当溶液由棕色变为黄色后，加淀粉液 1mL，继续滴定至溶液呈淡绿色为止，计算 $Na_2S_2O_3$ 溶液的准确浓度。

反应式为：

$$K_2Cr_2O_7 + 6I^- + 14H^+ = 2K^+ + 2Cr^{3+} + 3I_2 + 7H_2O$$
$$I_2 + 2S_2O_3^{2-} = 2I^- + S_4O_6^{2-}$$

(2) 10%碘化钾溶液：称取 50g 碘化钾于烧杯中，用蒸馏水将其溶解，然后将其转移至 500mL 容量瓶中，并稀释至 500mL。

(3) 溶剂：环己烷和冰乙酸等体积混合液。

(4) 1%淀粉指示剂：称取可溶性淀粉 0.5g 加少许水，调成均匀糊状，再加入 50mL 蒸馏水，并在电炉上加热，当淀粉溶液基本呈透明状时，停止加热。

(5) 韦氏碘液（Wijs）含三氯化碘的乙酸溶液：称取 9g 三氯化碘溶解在 700mL 冰乙酸和 300mL 环己烷混合液中。取 5mL 上述溶液加 5mL 10%碘化钾溶液和 30mL 水，用淀粉溶液作指示剂，用 0.1mol/L 硫代硫酸钠标准液滴定析出的碘，滴定体积记为 V_1。

加 10g 纯碘于试剂中，使其完全溶解。如上法滴定，得 V_2。V_2/V_1 应大于 1.5，否则可稍加一点纯碘直至其略超过 1.5。

溶液静置后将上层清液倒入具塞棕色试剂瓶中，避光保存，此溶液在室温下可保存几个月。

[实验器材]

分析天平（精度万分之一克）、50mL 棕色滴定管、10mL 量筒、50mL 碘瓶、铁架台、500mL 锥形瓶等。

[实验步骤]

(1) 试样的质量根据估计的碘价而异，二者关系如表 4-1 所示。

表 4-1 估计碘价指导的称样质量

估计碘价	试样质量/g
＜5	3.00
5～20	1.00
21～50	0.40
51～100	0.20
101～150	0.13
151～200	0.10

(2) 将称好试样的称量皿放入 500mL 锥形瓶中，加入 20mL 溶剂溶解试样，轻轻摇动，使试样全部溶解，准确加入 25mL 韦氏碘液，立即塞好瓶塞，摇匀后将锥形瓶置于暗处。

同样用溶剂和试剂制备空白液但不加试样。

碘价低于 150 的样品锥形瓶应在暗处放置 1h，碘价高于 150 和已经聚合的物质或氧化到相当程度的物质，应置于暗处 2h。

(3) 测定

反应结束后加 20mL 碘化钾溶液和 150mL 水。

用标定好的 0.1mol/L $Na_2S_2O_3$ 标准溶液迅速滴定至浅黄色。加入 1% 淀粉溶液 1mL，继续滴定，接近终点时用力振荡至蓝色消失为止。另做空白对照试验，除不加试样外，其余操作同上。

(4) 按下式计算碘值（碘价按每 100g 样品吸收碘的克数计算）：

$$碘价 = \frac{(V_1 - V_2) \times c \times 12.69}{M} \times 100$$

式中　V_1——滴定中空白对照组所耗 $Na_2S_2O_3$ 溶液的体积，mL；

V_2——滴定样品所耗 $Na_2S_2O_3$ 溶液的体积，mL；

M——油脂质量，g；

c——$Na_2S_2O_3$ 溶液摩尔浓度，mol/L。

实验五　油脂过氧化值的测定

[实验材料]

纯化杏仁油脂。

[实验试剂]

(1) 标准硫代硫酸钠溶液（约 0.0020mol/L）：称取 0.5g 纯硫代硫酸钠晶体（$Na_2S_2O_3$ ·

$5H_2O$）溶于煮沸后刚冷却的蒸馏水中，稀释至 1000mL。

标定方法：准确称取 0.033g 重铬酸钾，加蒸馏水稀释至 250mL，用移液管转移 15mL 重铬酸钾溶液于碘瓶中，加入固体碘化钾 0.2g 及 6mol/L 盐酸溶液 1mL，混匀盖好瓶塞，置暗处 3min，然后用 $Na_2S_2O_3$ 滴定。当溶液由棕色变为黄色后，加淀粉液 1mL，继续滴定至溶液呈淡绿色为止，计算 $Na_2S_2O_3$ 溶液的准确浓度。

反应式为：

$$K_2Cr_2O_7 + 6I^- + 14H^+ = 2K^+ + 2Cr^{3+} + 3I_2 + 7H_2O$$

$$I_2 + 2S_2O_3^{2-} = 2I^- + S_4O_6^{2-}$$

（2）饱和碘化钾溶液：称取 14g 碘化钾，加 10mL 蒸馏水中，在 40℃ 水浴中加热促进碘化钾的溶解，待溶解完成后，经冷却后贮于棕色瓶中。

（3）三氯甲烷-冰乙酸混合液：40mL 三氯甲烷加 60mL 冰乙酸，混匀。

（4）淀粉指示剂（10g/L）：准确称可溶性淀粉 0.5g，加少许水，调成糊状，倒入 50mL 沸水中调匀煮沸（临用时现配）。

[实验器材]

分析天平（精度万分之一克）、棕色滴定管 50mL、量筒 50mL、碘瓶、铁架台、移液管 25mL、烘箱。

[实验步骤]

（1）称取 2.00～3.00g 混匀（必要时过滤）油脂样品，置于 250mL 碘瓶中，加入 30mL 三氯甲烷-冰乙酸混合液，使样品完全溶解，加入 1.0mL 饱和碘化钾溶液，盖紧瓶盖，并轻轻振荡 0.5min，然后在暗处放置 3min。取出加入 100mL 蒸馏水，摇匀，立即用硫代硫酸钠标准滴定溶液 $[c(Na_2S_2O_3)=0.002mol/L]$ 滴定，至淡黄色时，加 1mL 淀粉指示剂，继续滴定至蓝色消失为终点，取相同量三氯甲烷-冰乙酸混合液、碘化钾溶液、蒸馏水、按同一方法，做试剂空白实验。

（2）按下式计算过氧化值（以 1kg 油脂所产生碘的物质的量表示）：

$$X = \frac{(V_1 - V_2) \times c \times 0.1269}{M} \times 100$$

式中　c——硫代硫酸钠标准滴定溶液的浓度，mol/L；

V_1——样品消耗硫代硫酸钠标准滴定溶液体积，mL；

V_2——空白试剂消耗硫代硫酸钠标准滴定溶液体积，mL；

M——样品的质量，g；

X——试样的过氧化值，g/100g；

0.1269——与 1.00mL 硫代硫酸钠标准滴定溶液 $[c(Na_2S_2O_3)=1.000mol/L]$ 相当的碘的质量，g；

计算结果保留两位有效数字。

实验六 油脂脂肪酸的气相色谱分析

[实验材料]

纯化杏仁油脂。

[实验试剂]

(1) 0.5mol/L 氢氧化钾-甲醇溶液：首先称取 4g 氢氧化钾加入 50mL 的小烧杯中，加入极少量的蒸馏水使之溶解。然后将其转移至 50mL 的容量瓶中，用甲醇溶剂将烧杯冲洗三次，并将冲洗液转移至容量瓶中。最后用甲醇将其定容至刻度。

(2) 14％三氟化硼-甲醇溶液：用 25mL 的移液管移取三氟化硼乙醚溶液，将其置于 100mL 容量瓶中，再用移液管移取 75mL 的甲醇溶剂于容量瓶中，将三氟化硼和甲醇按照 1∶3 的体积比均匀混合。

(3) 饱和氯化钠溶液：取 500mL 的蒸馏水加入烧杯中，向其中加入氯化钠，并不断地搅拌使其溶解，当出现氯化钠晶体，也就是氯化钠不再继续溶解时，认为氯化钠已经达到饱和。取上层清液即为饱和氯化钠溶液。

(4) 正己烷。

(5) 无水硫酸钠。

(6) 37 种脂肪酸甲酯混合标准品。

[实验器材]

(1) 分析天平（精度万分之一克）。

(2) 气相色谱仪：检测器为 FID（氢火焰离子化检测器）；色谱柱为 30m×0.25mm×0.25μm 毛细管柱；固定液为 6％ DEGS（聚二乙二醇丁二酯）；担体为 101 白色担体（酸洗，60～80 目）；气化室，检测器温度 250℃；柱温度为初始温度为 100℃，保持 10min，然后以 10℃/min 的升温速率升温至 250℃，保持 10min；载气为 N_2 40mL/min；氢气为 1.5kg/cm²；空气为 1.2kg/cm²；上样量为 5μL 左右。

(3) 50mL 烧瓶。

(4) 冷凝管。

(5) 移液管。

(6) 水浴锅。

[实验步骤]

(1) 甲酯化反应：用移液管吸取油样 0.35mL 置于 50mL 烧瓶内，加入 6mL 氢氧化钾甲醇溶液（0.5mol/L），然后将冷凝管固定于烧瓶上，水浴锅加热到 60℃左右时，将烧瓶放置于水浴锅中，继续加热回流约 30min 后油滴消失，用移液管从冷凝管顶部加入 6mL 14％三氟化硼-甲醇溶液于沸腾溶液内，继续煮沸 2min，经冷凝管顶部加入 4mL 正己烷，继续煮沸 1min，停止加热，冷却至室温后取下冷凝管，加入少量饱和氯化钠溶液，并轻轻摇动烧瓶数次，继续加入氯化钠溶液至烧瓶颈部，静置分层后，吸取上次溶液于小试管中，经无水硫酸钠去除痕量水分，离心取上清液置于 4℃冰箱冷藏待分析。

（2）取 5μL 进样测定（参考气相色谱仪器操作方法）。

（3）定性分析：根据各峰的保留时间与已知脂肪酸的标准色谱图比较进行定性。

（4）定量方法：采用面积归一化法进行定量分析。

第五章　维生素类综合实验

项目一　吡咯喹啉醌的研究

 实验导读

　　吡咯喹啉醌（pyrroloquinoline quinone，PQQ）是继烟酰胺［NAD（P）＋］，黄素（FAD，FMN）后发现的又一种氧化还原酶的辅酶，是葡萄糖脱氢酶和乙醇脱氢酶的辅酶，广泛地分布于微生物、植物、动物体内及其周围的环境中。世界医学界称之为第十四种维生素。该化合物最先是从细菌中分离出来的，随后在动、植物体内也被发现。PQQ作为一种新型水溶性B族维生素，不仅参与催化生物体内氧化还原反应，而且还具有一些特殊的生物活性和生理功能。近年来的研究表明PQQ具有刺激细胞生长，提供动物生长必需的营养因子，清除自由基以及神经营养和保护的生物学功能。PQQ在食物中普遍存在。研究发现，植物来源食物中的PQQ含量远大于动物来源的食物。含有PQQ的食物：蚕豆、大豆、马铃薯、西芹、甘蓝、胡萝卜、西红柿、绿茶、红茶、木瓜、猕猴桃等。

 基本原理

　　PQQ性状：紫红色粉末，可溶于水。

　　目前常用的分析PQQ的方法有3种：高效液相色谱法、重组酶检测法和非酶系统氧化还原法。高效液相色谱法重复性好，灵敏度高，但所测样品要求纯度高，否则其他类似PQQ性质的杂质可使波峰重叠而影响结果；重组酶检测法特异性强但操作步骤复杂；非酶系统氧化还原法操作简单，但专一性差。

　　依赖PQQ及其类似物的辅酶氧化还原酶系统称为醌酶。葡萄糖脱氢酶（GDH）是目前研究较多的一种醌酶。脱辅酶的醌酶不具有酶活性。重组酶法是通过PQQ与纯化后的葡萄糖脱氢酶GDH混合反应，通过测量GDH酶活力来确定PQQ的含量。

　　非酶法检测法原理：在PQQ的结构式中有两个相邻的醛基（氧化型）时，可以缩写成PQQ（O_2）。此基团在碱性条件下，可氧化甘氨酸。而本身被还原即醛基被还原为羟基（还原型），可缩写为PQQ（OH）$_2$，与此同时产生的过氧化物的阴离子可使硝基四唑蓝（NBT）还原成为甲酯化合物（蓝紫色），该化合物在530nm有最大吸光值A。在规定条件下，次吸光值大小与PQQ含量高低成正比关系，因此，检测还原型的NBT在530nm的吸光值即可推算出 PQQ 的含量。如下所示：

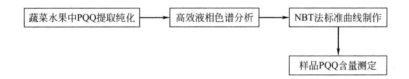

高效液色谱相法（HPLC）是利用样品中的溶质在固定相和流动相之间分配系数的不同，进行连续的无数次的交换和分配而达到分离的过程。高效液相色谱法具有分辨率和灵敏度高，分析速度快，重复性好，定量精度高，应用范围广等优点，适用于分析高沸点、大分子、强极性、热稳定性差的化合物。

［课前预习］

（1）高效液相色谱法的原理与操作注意事项。

（2）吡咯喹啉醌的含量测定方法及原理。

［目的要求］

（1）掌握高效液相色谱法的操作方法。

（2）学习吡咯喹啉醌含量非酶系统氧化还原法测定方法。

（3）学习如何绘制标准曲线与使用标准曲线。

［设计思路］

蔬菜水果中PQQ提取纯化 → 高效液相色谱分析 → NBT法标准曲线制作 → 样品PQQ含量测定

实验一　PQQ 的提取纯化

［实验材料］

胡萝卜。

［实验试剂］

（1）液氮。

（2）3mol/L 的 HCl：取 12mol/L 的浓盐酸 250mL，用水稀释至 1000mL。

（3）乙酸乙酯。

（4）0.1mol/L 乙酸-乙酸钠缓冲液（pH4.8）。

［实验器材］

研钵、高速台式离心机、超声波细胞破碎仪、50mL 离心管、氮吹仪（Dry Thermo

Bath，EYELA-MG-1000)、Versapor 膜（0.45μm）过滤头。

[实验步骤]

(1) 称取约 5g 胡萝卜，放置于研钵中，使用液氮研磨成粉状。
(2) 研钵中加入 20mL 去离子水，将其洗涤至离心管中，然后进行超声波处理。
(3) 将上述液体于离心机中离心，10000r/min，15min。
(4) 将上清液转移至新的离心管中。
(5) 向上述离心管液体中加入 3mol/L 的 HCl 约 10mL。
(6) 加入适量乙酸乙酯进行萃取，待分层后取乙酸乙酯层于新的离心管。
(7) 使用氮吹仪对上述液体进行干燥，得到固体沉淀。
(8) 加入 500μL 0.1mol/L 的乙酸-乙酸钠缓冲液（pH4.8）将固体沉淀溶解。
(9) 用过滤头将上述溶液溶解，此溶液即为高效液相色谱待分析样品。

实验二　PQQ 的高效液相分析

[实验材料]

PQQ 提取液。

[实验试剂]

(1) PQQ 标准物。
(2) 甲醇（HPLC 级别），水。

[实验器材]

Agilent 1100 高效液相色谱仪、电子天平、溶剂过滤系统。

[实验步骤]

(1) 液相色谱的条件包括以下两个方面。
分析柱：ODS 反相 C_{18} 分析柱 5μm，4.6mm×250mm。
流动相：色谱甲醇：水为 4:1；流速为 0.5mL/min；紫外检测波长为 213nm；柱温为 29℃。
(2) 将 PQQ 标准物质使用去离子水配制成 1mg/mL 母液，然后按十倍稀释法稀释成一系列浓度。
(3) 取几个浓度标准样品进样 20μL，摸索进样浓度条件。
(4) 将提取纯化的样品进样。
(5) 与标准样品进行比较定性和定量分析。

实验三　NBT-Gly 法测定 PQQ 含量

[实验材料]

标准 PQQ，提取纯化样品。

[实验试剂]

（1）20mmol/L 磷酸缓冲液（PBS），pH7.0（磷酸氢二钠，磷酸二氢钠）。

（2）NBT（氧化型）-甘氨酸钾溶液（NBT-Gly K$^+$）：先配制 2mol/L 甘氨酸-KOH 溶液（pH10.0），在使用时，加入 NBT 使其浓度达到 0.24mmol/L。

（3）PQQ 标准液（10μg/mL）。

[实验器材]

电子天平、水浴锅、紫外分光光度计、容量瓶、移液器等。

[实验步骤]

（1）标准曲线的制作及样品测定

取 8 支试管，按表 5-1 顺序添加各种试剂。

表 5-1　PQQ 的含量测定

管号	0	1	2	3	4	5	样品 I	样品 II
PBS 缓冲液	4	3.9	3.8	3.7	3.6	3.5	3	3
10μg/mL PQQ 标准液/mL	0	0.1	0.2	0.3	0.4	0.5	1	1
NBT-Gly K$^+$ 溶液/mL	1	1	1	1	1	1	1	1
温浴	30℃温浴 1h							
比色	以 0 号管为空白参考,测定 490nm 处的吸光值							
A_{490}								

（2）由 0～5 号管的数据，以 PQQ 含量（单位：μg）为横坐标，A_{490} 为纵坐标，绘制标准曲线。

（3）求两个样品管吸光度 A_{490} 的平均值。

（4）由 A_{490} 从标准曲线中求样品管中的 PQQ 含量（单位：μg）。

（5）计算所取生物材料样品中 PQQ 的含量：每 100g 样品中含有 PQQ 的质量。

[注意事项]

(1) 用高纯氮吹干时，氮气不能开得太大，避免样品被吹出瓶外导致结果偏低。

(2) PQQ的热稳定性较差，提取温度不宜超过50℃。

(3) 高效液相检测PQQ时，样品浓度不宜过高。

[思考题]

(1) 测定PQQ的定性和定量的方法有哪些？各有什么优缺点？

(2) HPLC法检测PQQ的关键操作是什么？

(3) PQQ的主要来源还包括哪些生物样品？各自的提取方法有哪些？

(4) PQQ的主要生化作用是什么？

(5) 若是工业中通过微生物培养提取PQQ，如何提高PQQ在工业生产中的产量？

项目二　紫外分光光度法测定维生素C含量

 实验导读

　　维生素C又称抗坏血酸，是所有具有抗坏血酸生物活性的化合物的统称。它在人体内不能合成，必须依靠膳食供给。维生素C不仅具有广泛的生理功能，能防止维生素C缺乏病、关节肿，促进外伤愈合，使机体增强抵抗能力，而且在食品工业上常用作抗氧化剂、酸味剂及强化剂。因此，测定食品中维生素C的含量以评价食品品质及食品加工过程中维生素C的变化情况具有重要的意义。维生素C含量的测定方法很多。一般方法有2,6-二氯靛酚滴定法、2,4-二硝基苯肼比色法、荧光分光光度法、电化学法和高效液相色谱法。维生素C广泛存在于植物组织中，新鲜的水果、蔬菜中含量较多。水果、蔬菜维生素C含量的测定依国标GB/T 6195—1986《水果、蔬菜维生素C含量测定法（2,6-二氯靛酚滴定法）》采用2,6-二氯靛酚滴定法。根据维生素C的氧化还原性质，从样品溶液由蓝色转变为粉红色来辨别是否到达滴定终点。但是多数水果、蔬菜样品其提取液都具有一定的色泽，有的使用硅藻土也很难脱色，因此，滴定终点不易辨认。GB/T 6195—1986附录A二甲苯-二氯靛酚比色法虽然适用于测定深色样品还原型维生素C，但由于萃取液二甲苯为有机溶剂，有很强的毒性，既不利于操作人员的健康，也不利于环境保护，故不推荐此测试方法。

 基本原理

　　紫外分光光度快速测定法是根据维生素C具有对紫外线产生吸收和对碱不稳定的特性，

于波长 243nm 处测定样品溶液与碱处理样品两者吸光度之差，通过查校准曲线，即可计算样品中维生素 C 的含量。此法操作简单、快速准确、重现性好。维生素 C 极不稳定，样品前处理时需防止维生素 C 的氧化，特别是注意氧化酶对维生素 C 的氧化作用。偏磷酸和草酸都是可以抑制抗坏血酸的氧化酶。但是 2％的草酸在波长 243nm 处有强吸收，而 2％的偏磷酸的吸收作用十分微弱。因此在采用紫外分光光度法测定维生素 C 时，宜采用 2％的偏磷酸提取液。

［课前预习］

（1）维生素 C 的物理化学性质。
（2）紫外分光光度法测定维生素 C 含量的原理。

［目的要求］

（1）掌握紫外分光光度法测定维生素 C 含量的方法。
（2）学习提取果蔬样品维生素 C 的方法。
（3）了解各种果蔬样品中维生素 C 的含量。

［设计思路］

蔬菜水果中维生素C提取 → 维生素C含量标准曲线制作 → 样品维生素C含量测定

［实验目的］

（1）学习蔬菜水果等维生素 C 的提取操作方法。
（2）学习分光光度法测定维生素 C 含量的方法。

［实验材料］

水果、蔬菜。

［实验试剂］

（1）标准维生素 C（100μg/mL）的配制：称取维生素 C 10mg（准确至 0.1mg），用 2％偏磷酸溶解，小心转移至 100mL 容量瓶中，加偏磷酸稀释至刻度。

（2）2％偏磷酸溶液：准确称取 20g 偏磷酸，用蒸馏水溶解，小心转移至 1000mL 容量瓶中，加蒸馏水稀释至刻度。

（3）0.5mol/L NaOH 溶液：称取分析纯氢氧化钠 20g，用蒸馏水溶解，小心转移至 1000mL 容量瓶中，加蒸馏水稀释至刻度。

［实验器材］

台式高速离心机、紫外可见分光光度计、高速组织匀浆机、剪刀、50mL 离心管、纱布或定量滤纸、10mL 比色管。

[实验步骤]

(1) 标准曲线的制作

准备 6 支 10mL 比色管，按表 5-2 顺序添加各种试剂。

表 5-2　标准曲线制作

管号 项目	0	1	2	3	4	5
标准维生素 C/mL	0	0.2	0.4	0.6	0.8	1.0
定容	加入 2％偏磷酸溶液定容至 10mL					
比色	以 0 号管为空白参比，测定 A_{243}nm 处的吸光值					
A_{243}						

以吸光度对抗坏血酸的质量（单位：μg）并绘制标准曲线。

(2) 样品提取液的制备

将水果或蔬菜洗干净后，擦干，称取具有代表性样品的可食部分 100g，放入高速组织匀浆机中，加入 50mL 2％偏磷酸提取缓冲液，迅速对样品进行匀浆。匀浆完全后，用四层纱布过滤，纱布可用少量 2％偏磷酸缓冲液洗几次，将提取液转移至 100mL 容量瓶中，并稀释至刻度。或用离心法离心后，将上清液转移至 100mL 容量瓶中，用 2％偏磷酸溶液定容至刻度。

(3) 样品待测提取液的测定

准确吸取 0.5mL 提取液，置于 10mL 比色管中，用 2％偏磷酸溶液稀释至刻度摇匀，以蒸馏水作为参比，在波长 243nm 处测定其吸光度。

(4) 待测碱处理样品提取液的测定

吸取 0.5mL 样品提取液，加入 6 滴 0.5mol/L 氢氧化钠溶液，置于 10mL 比色管中混匀，在室温放置 40min 后，加入 2％偏磷酸溶液稀释至刻度摇匀，以蒸馏水作为参比，在波长 243nm 处测定其吸光度。

(5) 数据处理

将样品待测提取液与样品待测提取液碱处理之间的吸光值之差代入标准曲线方程求出样品中的维生素 C 含量（也可直接以样品待测提取液碱处理作为参比，测得样品待测提取液的吸光值）。维生素 C 的含量（单位：mg/100g）计算如下：

$$维生素 C 的含量 = \frac{200 \times c \times 1000}{M} \times 100$$

式中　M——样品质量，g；

　　　200——稀释倍数；

　　　c——从标准曲线上查得的维生素 C 的含量，μg；

1000——单位转换系数；

100——每 100g 样品的转换。

[注意事项]

（1）提取水果蔬菜中的维生素 C 时，应注意对维生素 C 的保护。

（2）紫外分光光度法测定维生素 C 含量时，样品比色溶液需澄清无杂质。

（3）样品吸光度过大或过小时，可酌情增减样品提取液用量或改变提取液稀释度。

（4）某些水果、蔬菜（如橘子，西红柿等）浆状物泡沫太多，可加数滴丁醇或辛醇。

[思考题]

1. 为什么要用 2% 的偏磷酸溶液提取水果、蔬菜中的维生素 C？

2. 紫外分光光度法测定维生素 C 的干扰因素有哪些？

3. 加入碱液处理待测样品提取液并以此作为参比的优点是什么？

4. 其他测定维生素 C 的方法有哪些？其优缺点是什么？

附　　录

附录一　常用仪器使用方法

一、移液器的使用

移液器是生物化学实验中常用的精密仪器，正确使用移液器可以延长其使用寿命，也直接关系到其准确性与重复性。实验室使用的移液器规格一般有如下几种：$2\mu L$、$10\mu L$、$10\sim 100\mu L$、$100\sim 1000\mu L$。

1. 使用方法

（1）移液器的选用

根据实验精度选用正确量程的移液器（使用者可根据移液器生产厂家提供的吸量误差表确定）。当取用体积与量程不一致时，可通过稀释液体，增加吸收体积来减少误差。

（2）移液器的吸量体积调节

移液器的体积读数时，有的是横向的，须从左向右读数如艾本德移液器；有的是纵向的，须从上向下读数如吉尔森移液器。各种移液器都标注了该移液器的量程。调整移液器体积时，首先调节至取用体积的 1/3 处，然后慢慢调节至所需刻度，调整动作要轻缓，切勿超过最大或最小量程。

（3）吸头的安装

正确的安装方法是旋转安装法，具体做法是，把移液器顶端插入吸头，在轻轻用力下压的同时，把手中的移液器按逆时针方向旋转 180°。切记用力不能过猛，更不能采取敲击吸头的方法进行安装，因为这样会对移液器造成不必要的损伤。

（4）吸液

先将移液器按钮放在第一档（first stop），再将吸头垂直浸入液面，浸入的深度为刚浸没吸头尖端为宜，然后慢慢释放按钮吸取液体（具体的浸入深度可根据盛放液体容器的大小灵活掌握）；释放所吸液体时，先将吸头垂直接触受液容器壁，慢慢按压吸液按钮至第一档，停留 $1\sim 2s$ 后，按至第二档（second stop）以完全排出液体。

（5）吸头的更换

性能优良的移液器具有卸载吸头的机械装置，轻轻按卸载按钮，吸头会自动脱落。

2. 注意事项

（1）使用连续可调移液器调节取用体积时动作要轻缓，严禁超过最大或最小量程。

（2）当移液器吸头中含有液体时，禁止将移液器水平放置，平时不用时移液器应放置于移液器架子上。

（3）吸取液体时，动作应轻缓，防止液体随气体进入移液器上部。

（4）在吸取不同液体时，须要更换移液器吸头。

（5）移液器要进行定期校准，一般由专业人员来进行。

二、离心机的使用

1. 使用方法

（1）离心机平稳放置于水平地面或者实验台面上。

（2）将离心液体转移至离心管内，体积勿超出离心管的 2/3。将对称放置于离心转子的离心管在天平上进行质量平衡，未平衡时可用小吸管调整左右离心管内液体，也可在一侧放待离心液体，在另一侧放一支水管，通过增减管内的水量使其平衡。

注意：离心管的盖子也一定要放置于天平上同时进行平衡。

（3）将已平衡的一对离心管对称放置于离心机转头内，盖严离心机盖。

（4）设置离心机参数，开始离心。

2. 注意事项

（1）安全正确使用离心机，关键在于做好离心前的质量平衡。

（2）离心过程中如果离心管破碎，应立即减速停止离心。小心清理掉玻璃碎渣（不得倒入下水道），重新换管装样，平衡后再离心。

（3）离心完成后，应将转子取出倒置，用干抹布将离心机腔体擦干净。

（4）离心液体转移到合适大小的离心管内，体积不要超过离心管 2/3 的体积。

实验室常用的离心机操作规程（Eppendorf 5804R/5810R 离心机简要操作规程）

（1）连接好电源线，打开仪器右边开关，仪器进入自检状态，屏幕上显示离心机型号、名称。

（2）平衡装载样品，用所配的六角扳手固定转子，并盖上机盖。Open 键的灯颜色会变为蓝色。假如屏幕显示"Press Open"或"Close Lid"，表示机盖尚未正确封闭，按 Open 键开盖并将机盖再次关紧即可。

（3）时间和速度设定，按 Time/Speed 键使设定值闪烁，然后用箭头设定，在离心机运行或静止状态都可进行，假如要设定离心力，按动 Speed 离心力符号（＊）出现速度值的左边后用箭头设定。

（4）对于 5804R/5810R 还可进行温度设定，温度设定范围：－9～＋40℃，功能键：Temp 键加箭头，在离心机运行或静止状态都可进行。

（5）设定参数后，按 start/stop 键开始运行，按该键可随时停止运行，仪器自动降速停止。

（6）由于仪器具备转子识别和最高速度限制功能，由低速转子更换至高速转子后可能出现无法设定最高速现象，此时只需按 start/stop 键开始运行，仪器自动识别转子，此时即可设定转子最高速度。

（7）在参数设置完毕后，连续按 Prog 键两次，用箭头设置程序名，进行程序设定然后按 Prog 约 2s 直至屏幕上出现"OK"，则表示程序已存储成功。

（8）升降速率设置，重复按压 Time 键并使用箭头进行加速/减速速率设置。速率范围：0～9（速率由低至高）。

（9）Short 键，按住该键可进行 Short spin，松开该键仪器即停止运行。

（10）fast temp 为快速制冷键，按下该键仪器将以固定转速快速制冷至设定温度，在到达设定温度时，制冷停止系统发出声音提示；也可通过 Stop 键停止制冷；所以 fast temp 快速制冷键可以快速预冷转子与离心腔体。

三、分光光度计的使用

岛津 UV2600 紫外分光光度计操作规程

1. 开机

（1）保证样品仓内无样品及其他物品，以免遮挡光路。

（2）打开 UV2600，仪器自检，绿灯闪烁。当有鸣响声发出且绿灯不闪，则表明自检完成（约 5min）。

（3）打开电脑桌面工作站软件 UVprobe。

2. 样品测定

（1）光谱扫描（定性）

① 在软件菜单栏中点击"光谱"图标→"连接"，UV 主机会给出自检报告。所有结果均为绿色，则自检通过，点击"确定"。

② 点击软件上方的"M"按钮，设定参数（波长范围、扫描速度、测定方式、检测单元、狭缝宽度、光源转换波长等）。

③ 将两个空白样品放入样品仓，点击"自动调零"。

④ 调零之后，在样品仓内放入样品，点击"开始"进行测试，运行结束弹出对话框，点击"确定"。点击软件菜单栏"文件"，根据所需格式另存文件。

⑤ 点击软件菜单栏"打开"，可调用已测试样品的光谱图，点击"操作"可根据需要获取谱图信息（峰值检测、选点检测等）。

（2）光度测定（定量）

① 原始数据法

a. 点击软件菜单栏"光度测定"图标→"M"输入波长→"下一步"→选择类型→"原始数据"。

b. 点击"原始数据"→"下一步"→"下一步"→"完成"→"关闭"。点击"M"设定波长。

c. 将两个空白样品放入样品仓，若单波长测定，点击"自动调零"。若多波长测定，点击"基线"，扫描范围应包含所选波长。

d. 在样品表中输入待测样品信息（样品名必须是英文或数字），选中待测样品，点击界面下方"读取 unk"。

e. 储存谱图文件，完成扫描，点击"编辑"→"清除样品表"，然后可进行其他工作。

② 多点法

a. 点击软件菜单栏"光度测定"图标→"M"输入波长→"下一步"→"标准曲线"→选择类型"多点"选择波长→"关闭"。

b. 将两个空白样品放入样品仓，点击"自动调零"。

c. 在样品表中输入样品名和各样品浓度，分别放入对应浓度样品，点击"读取 std"点击"是"。

d. 右侧图给出样品对应的点，仪器可自动绘制标准曲线。点击软件菜单栏"图像"→点击"标准曲线统计"，即可给出标准曲线相关信息（方程式、相关系数等），点击"文件"，可另存文件。

③ 动力学（恒温下吸光度随时间变化）

a. 点击软件菜单栏"动力学"图标→"M"输入波长和时间。

b. 将两个空白样品放入样品仓，点击"自动调零"。

c. 在样品仓内放入样品，点击"开始"即可测试。

3. 恒温池的使用

若需使用恒温池，首先卸下标准池，安装恒温池，恒温池上方的接口可以通干燥空气。随机配有两个保温盖，测样时盖住样品。

恒温池温度范围 $7\sim60℃$。按钮在 OFF 时，可以设定温度，按钮推到 ON，根据设定温度进行加热。按钮在 OFF 时显示的是目标温度，ON 时为恒温池实时温度。

4. 积分球的使用

① 首先卸下标准池，安装积分球。积分球上面可以看到 S 和 R 标记，S 的对面为样品位置，R 的对面为参比位置。

② 点击"M"→"仪器参数"选择"反射率"→"狭缝"→"检测器单元"→选择"外置单检测器"→"确定"。积分球波长范围 $220\sim850nm$，狭缝至少 5.0。

③ 测试之前先用两个 $BaSO_4$ 白板测基线（积分球不调零）。取下样品处的白板，放入样品。样品必须压实，少量多次一层一层压，否则会污染积分球。

④ 实验如需测定膜或悬浊液样品，可以在样品和参比处放白板，在光路进入处前端放薄膜或者悬浊液支架来测定其反射率，还可通过光栅控制光强。

⑤ 实验如需测定镜面样品，只能用积分球测。点击"M"→"仪器参数"→"S/R 转换"→"相反"。同时将积分球样品台中待测样品和参比样品的摆放位置对调。

5. 关机

① 先退出软件再关闭机器。

② 若实验中使用恒温池或积分球，请于实验结束后更换成标准池。

③ 及时取出样品仓内样品，保持样品仓清洁（可用酒精擦拭样品仓内的四个窗口，机箱后面部分勿动）。

④ 填写实验记录。

注：实验记录内容包括操作时间、操作者、测试样品名称及数量、测定方式及仪器运行情况。操作者应如实填写仪器运行状况，若有故障请及时联系仪器负责人。

紫外分光光度计操作规程

1. 操作步骤

① 测量前的准备

a. 开机自检，确认仪器光路中无阻挡物，关上样品室盖，打开仪器电源开始自检。

b. 预热，仪器自检完成后进入预热状态，若要精确测量，预热时间需在 30min 以上。

c. 确认比色皿，在将样品移入比色皿前须先确认比色皿是干净、无残留物的，若测试波长小于 400nm，请使用石英比色皿。

② 光度计模式（光度测量）

a. 进入光度计模式，在主界面，按数字键"1"或上下键选择"光度计模式"后按"ENTER"进入。

b. 设置测量模式，按功能键设置测量模式，上下键选择"吸光度""透过率"或"含量"模式，"ENTER"确认。如果选定的测量模式为"吸光度"或"透过率"，直接跳到步骤 e。

c. 设置浓度单位，按功能键设置浓度单位，"ENTER"确认，如果没有想要的单位则选自定义，数字键输入自定义浓度单位"ENTER"确认。

d. 设置波长，"GOTOλ"进入，数字键输入波长值，"ENTER"走到设定的波长值。

e. 校准 100% T/0Abs，将参比置于参考光路和主光路中，按"100% T/0Abs"校准 100% T/0Abs。

f. 将参比置于参考光路中，标准样品置于主光路中，功能键开始标样测量，数字键输入标样含量，"ENTER"确认后标样浓度值会显示在屏幕上。

g. 测量样品，将参比置于参考光路中，样品置于主光路中，测量。

h. "PRINT"打印测量结果。

③ 定量测量

a. 进入定量测量，在主界面选择"定量测量"后按"ENTER"进入。

b. 设置浓度单位。

c. 建立标准曲线或调用已存储的标准曲线，如果在本机当中已经建立并存储有标准曲线，则可以在"拟合曲线"界面，"OPEN"进入文件选择状态，上下键选择，"ENTER"键打开。如需建立曲线，可输入回归方程或用标准样品标定，建立标准曲线。

d. 按"ESC"返回样品测量界面。

e. 校准 100% T/0Abs，将参比置于参考光路和主光路中，按"100% T/0Abs"校准 100% T/0Abs。

f. 利用标准曲线测量样品，将参比置于主光路中，按"START/STOP"测量，结果将显示在数据列表中，重复本操作完成所有样品测量。

2. 注意事项

（1）仪器安装应避开高温高湿环境。

（2）应避免仪器受外界磁场干扰。

（3）远离腐蚀性气体。

（4）仪器应放置在稳定的工作台上。

（5）做好仪器使用记录登记。

四、电子天平的使用

METLER TOLEDO 电子分析天平的使用

分析天平是实验室最常用的仪器，其自动计量，数字显示，操作简便。

1. 使用方法

（1）使用前，首先清洁称量盘，检查，调整天平的水平（看水泡是否处于中央，如果是，表示天平处于一个平衡的位置，否则须通过左右水平支脚调节）。

（2）接通电源，按 O/T 键或 power 键开机，预热 15min。

（3）称量时推开天平右侧门，将干燥的称量瓶或小烧杯或称量纸轻轻放置于称量盘中心，关上天平门，待显示平衡后按 TAR 去皮键并显示零点。然后再推开天平门，缓缓加入待称量物，并观察显示屏，直到显示平衡。

（4）称量完毕，取下被称量物。如果还需使用天平，可暂时不关闭天平。

（5）称量后较长时间内不再使用天平，应拔下电源插头，盖好防尘罩。

2. 注意事项

（1）被称量物的温度应与室温相同，不得称量过热或有挥发性的试剂，尽量消除引起天平显示值变动的因素，如空气流动、温度波动、容器潮湿、振动及操作过猛等。

（2）在天平称量过程中的所有动作都要轻缓，不可用力过猛。

（3）调零点和读数时必须关闭两个侧门，并完全开启天平。

（4）使用中如发现天平异常，应及时报告指导教师或实验室工作人员，不得自行拆卸修理。

（5）称量时，若不知道需取多少量才能达到自己所需的量时，可先取少量，这可指导自己的取量，此方法可避免过多称取待量物。称量极少量待称量物时，采取慢慢敲打试剂瓶法称量。

（6）称量完毕，应随手关闭天平，并做好天平内外的清洁工作。

五、pH 计的使用

梅特勒-托利多（METTLER TOLEDO）pH 计的使用

梅特勒-托利多（METTLER TOLEDO）pH 计打开电源后的显示如下图所示：

各按键具体说明：

①电极状态

斜率：95%～105%	斜率：90%～94%	斜率：85%～89%
零电位：±(0～15)mV	零电位：±(15～35)mV	零电位：±(＞35)mV
电极状态优良	电极状态良好	电极需要清洁

②电极校准图标
③电极测量图标
④参数设置
⑤电极斜率或pH/mV读数
⑥MTC手动/ATC自动温度补偿
⑦读数稳定图标/自动终点图标
⑧测量过程中的温度或校准过程中的零点值
⑨错误索引/校准点/缓冲液组

仪表按键说明：

	短按 👆	长按3秒 🤏 3 sec.
读数/Ā	－ 读数 － 确认设置	－ 设置终点方式
校准	－ 校准	－ 校准数据回显
⏻ 退出	－ 退出 － 开机	－ 关机
⌃ 设置	－ 设置 － 向上键选择数值	
⌄ 模式	－ 向下键选择数值	

（1）校准设置。短按"设置"键，当前MTC温度值闪烁，按"读数"键确定。当前预置缓冲液闪烁，使用▲或▼键来选择其他缓冲液组，按"读数"键确认选择。

一点校准：将电极放入缓冲液中并按"校准"键开始校准，校准和测量图标将同时显示。在信号稳定后仪表根据预选终点方式终点或按"读数"键终点。按"读数"键后，仪表显示零点和斜率，然后自动退回到测量界面。

两点校准：首先按上述一点校准，然后用去离子水冲洗电极，然后将电极放入下一个校准缓冲液，并按"校准"键开始下一个校准。

在信号稳定后仪表根据预选终点方式终点或"读数"键终点。按"读数"键后，仪表显示零点和斜率，然后自动退回到测量界面。

（2）样品测量。将电极放在样品溶液中并按"读数"键开始测量，画面上小数点闪烁。自动测量终点A是仪表的默认设置。当电极输出稳定后，显示屏自动固定，并显示样品溶液的pH值。

pH 测量和电压测量稳定性判据——如果信号变化在 6s 内不大于 0.1mV，仪表将达到测量终点，要在 pH 测量过程中查看电压值，只要按"模式"键即可。要执行电压测量，请按与 pH 测量相同的步骤执行。

（3）测量完毕后及时用蒸馏水冲洗干净电极头，用纸巾擦干净后，将电极头放置于保护液中。

注意事项：

（1）确保电极始终存放在适当的存储液中。

（2）任何附着或凝固在电极外部的填充液一定要用蒸馏水及时除去。

（3）如果电极膜干涸，将电极头浸入 0.1mol/L HCl 溶液中，放置一夜。

（4）如果在隔膜中有蛋白质积聚，请将电极浸入 HCl/胃蛋白酶溶液中去除沉积物。

（5）电极上附着的橡皮圈一定不要丢失，否则电极无法正常附着于保护液瓶中。

六、真空冷冻干燥机的使用

真空冷冻干燥机是干燥物料实验中常用的设备，在真空状态下，利用升华原理使预先冻结的物料中的水分直接从冰态升华为水蒸气而被除去。其广泛应用于多种产品，可确保物品中蛋白质、维生素等各种营养成分，以及易挥发热敏性成分不损失，因而能最大限度地保持原有的营养成分，有效防止干燥过程中的氧化。

宁波新芝 SCientz-10ND 真空冷冻干燥机的使用

1. 样品的准备

将样品装入塑料离心管或其他适当的容器并放入冰箱中进行预先冰冻（可以在超低温冰箱−70℃或在液氮中进行），冰冻后将离心管或其他容器的开口用保鲜膜封口，然后用牙签在封口膜上戳数个小孔，利于干燥过程中水分的挥发。

2. 使用方法

（1）打开电源开关；

（2）进入手动界面，设置流程各段数的时间，温度以及真空度的参数设置；

（3）点击启动键，仪器运行一段时间，当仪器冷冻室温度达到预设温度后，打开样品室钢化玻璃门，放入待干燥样品；

（4）旋紧仪器左侧面的空气阀门，进行干燥；

（5）干燥结束后，慢慢打开仪器左侧面的空气阀，平衡样品室与外界气压，点击停止键；

（6）打开样品室钢化玻璃门；

（7）取出样品；

（8）关闭仪器电源开关。

3. 注意事项

（1）样品室务必保持干燥，若有水珠，请用干布擦净。

（2）勿将含有酸碱的样品放入该仪器干燥。

（3）仪器运行时间不宜过长，以保护油泵。

（4）清理好实验台面。

（5）做好仪器使用记录登记。

七、低中压色谱仪的使用

色谱实验操作是根据色谱所用填料性质原理对样品进行分离的，是生化综合实验中常用到的实验方法。色谱仪是精密仪器，有制备型和分析型，流动相中的不溶物，缓冲液中盐的析出，流动相中的气泡，仪器管道或阀门内长微生物都会影响仪器的寿命或性能，在操作过程中对有关方面应该特别注意，正确使用仪器以保证发挥仪器良好的性能并延长仪器寿命。

广州睿柏中低压色谱系统的使用方法

1. 样品的准备

色谱样品溶解于缓冲液后，根据溶液性质，使用不同的过滤头：水性或有机性过滤头（孔径 $0.45\mu m$）进行过滤。

流动相同样根据溶液性质，使用不同的过滤头：水性或有机性过滤头（孔径 $0.45\mu m$）进行过滤。

2. 仪器操作

（1）打开恒流泵 A 和恒流泵 B 以及检测器开关；

（2）打开电脑软件，连接色谱系统；

（3）逆时针旋转恒流泵右边的旋钮约两圈，然后按"PURGE"键，进行排气泡。观察流通管路内无气泡后，顺时针旋转恒流泵右边的旋钮约两圈进行关闭，按"STOP"键停止排气泡。

（4）点击电脑软件中的方法设置，设置流动相程序，检测波长。

（5）若要进行自动样品的收集，点击馏分收集器，设置收集方法。

（6）点击软件左上角的基线运行键（三角形处有一波线的按钮），进行流动相的平衡过程。

（7）平衡好后，进样，然后点击开始方法键（三角形按钮）。

（8）实验结束后，可点击文件按钮，选择保存图谱。

（9）关闭电脑。

3. 注意事项

（1）色谱仪使用完毕后如果放置过夜，应用低盐缓冲液（最好是去离子水）彻底清洗所有管道和阀门，将管路中的盐分洗干净，然后通 20% 的乙醇保护色谱柱与流动相管路。

（2）清理好实验台面，恒流泵吸头保证处于溶液内，以免干燥。

（3）做好仪器使用记录登记。

八、超声波细胞破碎仪的使用

超声波细胞粉碎仪，又名超声波破碎仪，超声波乳化机，是一种利用超声波在液体中产生空化效应的多功能、多用途仪器；它能用于多种动植物、病毒、细胞、细菌及组织的破碎，同时可用来乳化、分立、匀化、提取、消泡、清洗纳米材料的植被，分散及加速化学反应等。

使用方法如下。

（1）打开电源开关。

（2）变幅杆（超声探头）入水深度：1.5cm 左右，液面高度最好 30mm 以上，探头要居中，不要贴壁。超声波是垂直纵波，插入太深不容易形成对流，影响破碎效率。

（3）超声参数设置：设置好仪器工作参数（具体设置见说明书或来电咨询），对于对温度要求比较敏感的样品（比如细菌）一般外面采用冰浴，实际温度肯定是低于 25℃，蛋白质、核酸肯定不会变性。

① 时间：超声时间每次最好不要超过 5s，间隙时间应大于或等于超声时间，以便于热量散发。时间设定应以超声时间短，超声次数多为原则，可延长超声机子以及探头的寿命。

② 超声功率：不宜太大，以免样品飞溅或起泡沫，如小于 10mL 样品容量，功率应在 200W 以内。

③ 容器选择：有多少的样品就选多大的烧杯，这样也是有利样品在超声中对流，提高破碎效率。例如：20mL 的处理量最好用 20mL 的烧杯。如 100mL 大肠杆菌样品设置参数为超声 5s/间隙 5s 次数 70 次（总时间为 10min）。

④ 若样品放在 1.5mL 的 EP 管里请一定要将 EP 管固定好，以防冰浴融化后液面下降导致空载。

（4）超声结束后，拿出探头用超纯水或蒸馏水清洗探头并擦干探头，关闭电源开关。

附录二　常用缓冲溶液的配制方法

1. 磷酸盐缓冲液（0.2mol/L）

（1）磷酸氢二钠-磷酸二氢钠缓冲液

贮备液 A：0.2mol/L Na_2HPO_4

$Na_2HPO_4 \cdot 2H_2O$ 分子量＝178.05，0.2mol/L 溶液为 35.61g/L。

$Na_2HPO_4 \cdot 12H_2O$ 分子量＝358.22，0.2mol/L 溶液为 71.64g/L。

贮备液 B：0.2mol/L NaH_2PO_4

$NaH_2PO_4 \cdot H_2O$ 分子量＝138.01，0.2mol/L 溶液为 27.6g/L。

$NaH_2PO_4 \cdot 2H_2O$ 分子量＝156.03，0.2mol/L 溶液为 31.21g/L。

磷酸氢二钠-磷酸二氢钠缓冲液（0.2mol/L）（x mL A＋y mL B）

pH 值	x/mL	y/mL	pH 值	x/mL	y/mL
5.8	8.0	92.0	7.0	61.0	39.0
5.9	10.0	90.0	7.1	67.0	33.0
6.0	12.3	87.7	7.2	72.0	28.0
6.1	15.0	85.0	7.3	77.0	23.0
6.2	18.5	81.5	7.4	81.0	19.0
6.3	22.5	77.5	7.5	84.0	16.0
6.4	26.5	73.5	7.6	87.0	13.0
6.5	31.5	68.5	7.7	89.5	10.5
6.6	37.5	62.5	7.8	91.5	8.5
6.7	43.5	56.5	7.9	93.0	7.0
6.8	49.5	51.0	8.0	94.7	5.3
6.9	55.0	45.0			

（2）磷酸氢二钠-磷酸二氢钾缓冲液（1/15mol/L）

贮备液 A：1/15mol/L Na_2HPO_4

$Na_2HPO_4 \cdot 2H_2O$ 分子量＝178.05，1/15mol/L 溶液为 11.876g/L。

贮备液 B：1/15mol/L KH_2PO_4

磷酸氢二钠-磷酸二氢钾缓冲液配制（x mL A＋y mL B）

pH 值	x/mL	y/mL	pH 值	x/mL	y/mL
4.92	0.10	9.90	7.17	7.00	3.00
5.29	0.50	9.50	7.38	8.00	2.00
5.19	1.00	9.00	7.73	9.00	1.00
6.24	2.00	8.00	8.04	9.50	0.50
6.47	3.00	7.00	8.34	9.75	0.25
6.64	4.00	6.00	8.67	9.90	0.10
6.81	5.00	5.00	8.18	10.00	0
6.98	6.00	4.00			

2. Tris 缓冲液（0.05mol/L）

某一特定 pH 的 0.05mol/L Tris 缓冲液的配制：将 50mL 0.1mol/L Tris 碱溶液与附表所列出的相应体积（mL）的 0.1mol/L HCl 混合，加水调体积至 100mL。

Tris 缓冲液配制

pH 值(25℃)	0.1mol/L HCl/mL	pH 值(25℃)	0.1mol/L HCl/mL
7.10	45.7	8.10	26.2
7.20	44.7	8.20	22.9
7.30	43.4	8.30	19.9
7.40	42.0	8.40	17.2
7.50	40.3	8.50	14.7
7.60	38.5	8.60	12.4
7.70	36.6	8.70	10.3
7.80	34.5	8.80	8.5
7.90	32.0	8.90	7.0
8.00	29.2		

3. 乙酸缓冲液（0.2mol/L）

贮备液 A：0.2mol/L 乙酸钠溶液

NaAc·3H$_2$O 分子量 136.09，0.2mol/L 溶液为 27.22g/L。

贮备液 B：0.2mol/L 乙酸

HAc 物质的量浓度为 17.4mol/L，0.2mol/L 溶液为 11.55mL/L。

乙酸缓冲液配制（xmL A＋ymL B）

pH 值(18℃)	x/mL	y/mL	pH 值(18℃)	x/mL	y/mL
3.6	0.75	9.25	4.8	5.90	4.10
3.8	1.20	8.80	5.0	7.00	3.00
4.0	1.80	8.20	5.2	7.90	2.10
4.2	2.65	7.35	5.4	8.60	1.40
4.4	3.70	6.30	5.6	9.10	0.90
4.6	4.90	5.10	5.8	9.40	0.60

4. 柠檬酸-柠檬酸钠缓冲液（0.1mol/L）

贮备液 A：0.1mol/L 柠檬酸

柠檬酸 C$_6$H$_8$O$_7$·H$_2$O：分子量 210.14，0.1mol/L 溶液为 21.01g/L。

贮备液 B：0.1mol/L 柠檬酸钠

柠檬酸钠 Na$_3$C$_6$H$_5$O$_7$·2H$_2$O：分子量 294.12，0.1mol/L 溶液为 29.41g/L。

柠檬酸-柠檬酸钠缓冲液配制 （x mL A＋y mL B）

pH 值	x/mL	y/mL	pH 值	x/mL	y/mL
3.0	18.6	1.4	5.0	8.2	11.8
3.2	17.2	2.8	5.2	7.3	12.7
3.4	16.0	4.0	5.4	6.4	13.6
3.6	14.9	5.1	5.6	5.5	14.5
3.8	14.0	6.0	5.8	4.7	15.3
4.0	13.1	6.9	6.0	3.8	16.2
4.2	12.3	7.7	6.2	2.8	17.2
4.4	11.4	8.6	6.4	2.0	18.0
4.6	10.3	9.7	6.6	1.4	18.6
4.8	9.2	10.8			

5. 柠檬酸-氢氧化钠-盐酸缓冲液

柠檬酸-氢氧化钠-盐酸缓冲液配制

pH 值	钠离子浓度/(mol/L)	柠檬酸($C_6O_7H_8 \cdot H_2O$)/g	氢氧化钠(97% NaOH)/g	浓盐酸(HCl)/mL	最终体积/L
2.2	0.20	210	84	160	10
3.1	0.20	210	83	116	10
3.3	0.20	210	83	106	10
4.3	0.20	210	83	45	10
5.3	0.35	245	144	68	10
5.8	0.45	285	186	105	10
6.5	0.38	266	156	126	10

6. 碳酸钠-碳酸氢钠缓冲液 （0.05mol/L）

贮备液 A：0.2mol/L 碳酸钠

Na_2CO_3 分子量为 105.99，0.2mol/L 溶液为 21.20g/L。

贮备液 B：0.2mol/L 碳酸氢钠

$NaHCO_3$ 分子量为 84.00，0.2mol/L 溶液为 16.80g/L。

碳酸钠-碳酸氢钠缓冲液配制 （x mL A＋y mL B，稀释至 200mL）

pH 值	x/mL	y/mL	pH 值	x/mL	y/mL
9.2	4.0	46.0	10.0	27.5	22.5
9.3	7.5	42.5	10.1	30.0	20.0
9.4	9.5	40.5	10.2	33.0	17.0
9.5	13.0	37.0	10.3	35.5	14.5
9.6	16.0	34.0	10.4	38.5	11.5
9.7	19.5	30.5	10.5	40.5	9.5
9.8	22.0	28.0	10.6	42.5	7.5
9.9	25.0	25.0	10.7	45.0	5.0

7. 巴比妥钠-盐酸缓冲液（18℃）

贮备液 A：0.04mol/L 巴比妥钠溶液

巴比妥钠盐分子量＝206.18，0.04mol/L 溶液为 8.25g/L。

贮备液 B：0.2mol/L 盐酸

巴比妥钠-盐酸缓冲液配制（xmL A＋ymL B）

pH 值	x/mL	y/mL	pH 值	x/mL	y/mL
6.8	100	18.4	8.4	100	5.21
7.0	100	17.8	8.6	100	3.82
7.2	100	16.7	8.8	100	2.52
7.4	100	15.3	9.0	100	1.65
7.6	100	13.4	9.2	100	1.13
7.8	100	11.47	9.4	100	0.70
8.0	100	9.39	9.6	100	0.35
8.2	100	7.21			

8. 硼酸-硼砂缓冲液

硼酸-硼酸缓冲液配制

pH 值	0.05mol/L 硼砂/mL	0.2mol/L 硼酸/mL	pH 值	0.05mol/L 硼砂/mL	0.2mol/L 硼酸/mL
7.4	1.0	9.0	8.2	3.5	6.5
7.6	1.5	8.5	8.4	4.5	5.5
7.8	2.0	8.0	8.7	6.0	4.0
8.0	3.0	7.0	9.0	8.0	2.0

硼砂 $Na_2B_4O_7 \cdot 10H_2O$，分子量＝381.43，0.05mol/L 溶液（＝0.2mol/L 硼酸根）含 19.07g/L。

硼酸 H_2BO_3，分子量＝61.84，0.2mol/L 溶液为 12.37g/L。

硼砂易失去结晶水，必须在带塞的瓶中保存。

9. 甘氨酸-氢氧化钠缓冲液（0.05mol/L）

甘氨酸-氢氧化钠缓冲液配制

pH 值	x/mL	y/mL	pH 值	x/mL	y/mL
8.6	50	4.0	9.6	50	22.4
8.8	50	6.0	9.8	50	27.2
9.0	50	8.8	10.0	50	32.0
9.2	50	12.0	10.4	50	38.0
9.4	50	16.8	10.6	50	45.5

xmL 0.2mol/L 甘氨酸＋ymL 0.2mol/L NaOH 加水稀释至 200mL。

甘氨酸分子量＝75.07，0.2mol/L 甘氨酸溶液含 15.01g/L。

10. 碳酸钠-碳酸氢钠缓冲液（0.1mol/L）

Ca^{2+}、Mg^{2+} 存在时不得使用。

碳酸钠-碳酸氢钠缓冲液配制

pH 值(20℃)	pH 值(37℃)	0.1mol/L Na$_2$CO$_3$/mL	0.1mol/L NaHCO$_3$/mL
9.16	8.77	1	9
9.40	9.12	2	8
9.51	9.40	3	7
9.78	9.50	4	6
9.90	9.72	5	5
10.14	9.90	6	4
10.28	10.08	7	3
10.53	10.28	8	2
10.83	10.57	9	1

Na$_2$CO$_2$·10H$_2$O 分子量=286.2，0.1mol/L 溶液为 28.62g/L。

NaHCO$_3$ 分子量=84.0，0.1mol/L 溶液为 8.40g/L。

11. 广范围缓冲液（18℃）

配制混合液：称取 6.008g 柠檬酸，3.893g 磷酸二氢钾（KH$_2$PO$_4$），1.769g 硼酸，5.266g 巴比妥，加蒸馏水定容至 1L。

取 100mL 混合液，加入 0.2mol/L NaOH 溶液 x mL，加蒸馏水至 1L。

广泛围缓冲液配制

pH 值	x/mL	pH 值	x/mL	pH 值	x/mL
2.6	2.0	5.8	36.5	9.0	72.7
2.8	4.3	6.0	38.9	9.2	74.0
3.0	6.4	6.2	41.2	9.4	75.9
3.2	8.3	6.4	43.5	9.6	77.6
3.4	10.1	6.6	46.0	9.8	79.3
3.6	11.8	6.8	48.3	10.0	80.8
3.8	13.7	7.0	50.6	10.2	82.0
4.0	15.5	7.2	52.9	10.4	82.9
4.2	17.6	7.4	55.8	10.6	83.9
4.4	19.9	7.6	58.6	10.8	84.9
4.6	22.4	7.8	61.7	11.0	86.0
4.8	24.8	8.0	63.7	11.2	87.7
5.0	27.1	8.2	65.6	11.4	89.7
5.2	29.5	8.4	67.5	11.6	92.0
5.4	31.8	8.6	69.3	11.8	95.0
5.6	34.2	8.8	71.0	12.0	99.6

实验室中常用酸碱的密度和浓度如下表。

名称	分子量	密度(室温)/(g/mL)	质量分数/%	浓度/(mol/L)
浓盐酸（HCl）	36.5	1.19	36.0	12.0
浓硫酸（H$_2$SO$_4$）	98.1	1.84	95.0	18.0
浓硝酸（HNO$_3$）	63.0	1.42	71.0	16.0
浓磷酸（H$_3$PO$_4$）	98.0	1.71	85	15.0

名称	分子量	密度(室温)/(g/mL)	质量分数/%	浓度/(mol/L)
冰醋酸(HAc)	60.0	1.05	99.5	17.4
高氯酸($HClO_4$)	100.5	1.67	70.0	11.65
浓氨水($NH_3 \cdot H_2O$)	35.0	0.90	28	15.0
饱和氢氧化钠液(NaOH)	40.0	1.53	50	19.1
饱和氢氧化钾液(KOH)	56.1	1.52	50	13.5

附录三　硫酸铵饱和度表

1. 调整硫酸铵溶液饱和度计算表（0℃）

	在0℃硫酸铵终浓度,%饱和度																
	20	25	30	35	40	45	50	55	60	65	70	75	80	85	90	95	100
	每100mL溶液加固体硫酸铵的克数																
0	10.6	13.4	16.4	19.4	22.6	25.8	29.1	32.6	36.1	39.8	43.6	47.6	51.6	55.9	60.3	65.0	69.7
5	7.9	10.8	13.7	16.6	19.7	22.9	26.2	29.6	33.1	36.8	40.5	44.4	48.4	52.6	57.0	61.5	66.2
10	5.3	8.1	10.9	13.9	16.9	20.0	23.3	26.6	30.1	33.7	37.4	41.2	45.2	49.3	53.6	58.1	62.7
15	2.6	5.4	8.2	11.1	14.1	17.2	20.4	23.7	27.1	30.6	34.3	38.1	42.0	46.0	50.3	54.7	59.2
20	0	2.7	5.5	8.3	11.3	14.3	17.5	20.7	24.1	27.6	31.2	34.9	38.7	42.7	46.9	51.2	55.7
25		0	2.7	5.6	8.4	11.5	14.6	17.9	21.1	24.5	28.0	31.7	35.5	39.5	43.6	47.8	52.2
30			0	2.8	5.6	8.6	11.7	14.8	18.1	21.4	24.9	28.5	32.3	36.2	40.2	44.5	48.8
35				0	2.8	5.7	8.7	11.8	15.1	18.4	21.8	25.4	29.1	32.9	36.9	41.0	45.3
40					0	2.9	5.8	8.9	12.0	15.3	18.7	22.2	25.8	29.6	33.5	37.6	41.8
45						0	2.9	5.9	9.0	12.3	15.6	19.0	22.6	26.3	30.2	34.2	38.3
50							0	3.0	6.0	9.2	12.5	15.9	19.4	23.0	26.8	30.8	34.8
55								0	3.0	6.1	9.3	12.7	16.1	19.7	23.5	27.3	31.3
60									0	3.1	6.2	9.5	12.9	16.4	20.1	23.1	27.9
65										0	3.1	6.3	9.7	13.2	16.8	20.5	24.4
70											0	3.2	6.5	9.9	13.4	17.1	20.9
75												0	3/2	6.6	10.1	13.7	17.4
80													0	3.3	6.7	10.3	13.9
85														0	3.4	6.8	10.5
90															0	3.4	7.0
95																0	3.5
100																	0

左侧纵列：硫酸铵初浓度,%饱和度

注：左边线直行数字为硫酸铵起始浓度，顶端横行为最终浓度。任取两点的引线交叉点表示从起始浓度变成某一个最终浓度时，在每100mL溶液中所必须加入硫酸铵的克数。

2. 调整硫酸铵溶液饱和度计算表（25℃）

硫酸铵初浓度,%饱和度	10	20	25	30	33	35	40	45	50	55	60	65	70	75	80	90	100
	每1000mL溶液加固体硫酸铵的克数																
0	56	114	144	176	196	209	243	277	313	351	390	430	472	516	561	662	767
10		57	86	118	137	150	183	216	251	288	326	365	406	449	494	592	694
20			29	59	78	91	123	155	189	225	262	300	340	382	424	520	619
25				30	49	61	93	125	158	193	230	267	307	348	390	485	583
30					19	30	62	94	127	162	198	235	273	314	356	449	546
33						12	43	74	107	142	177	214	252	292	333	426	522
35							31	63	94	129	164	200	238	278	319	411	506
40								31	63	97	132	168	205	245	285	375	469
45									32	65	99	134	171	210	250	339	431
50										33	66	101	137	176	214	302	392
55											33	67	103	141	179	264	353
60												34	69	105	143	227	314
65													34	70	107	190	275
70														35	72	153	237
75															36	115	198
80																77	157
90																	79

注：左边线直行数字为硫酸铵起始浓度，顶端横行为最终浓度。任取两点的引线交叉点表示从起始浓度变成某一个最终浓度时，在每升溶液中所必须加入硫酸铵的克数。

3. 不同温度下饱和硫酸铵溶液的数据

温度/℃	0	10	20	25	30
质量分数/%	41.42	42.22	43.09	43.47	43.85
浓度/(mol/L)	3.9	3.97	4.06	4.10	4.13
1kg 水中含硫酸铵的物质的量/mol	5.35	5.53	5.73	5.82	5.91
1L 水中硫酸铵达饱和所需质量/g	706.8	730.5	755.8	766.8	777.5
1L 饱和溶液含硫酸铵质量/g	514.8	525.2	536.5	541.2	545.9

附录四　化学试剂规格

在我国，采用优级纯、分析纯、化学纯三个级别表示化学试剂。

优级纯（GR，绿标）（一级品）：主成分含量很高、纯度很高，适用于重要精密的分析工作和科学研究工作，有的可作为基准物质；

分析纯（AR，红标）（二级品）：主成分含量很高、纯度较高，略次于优级纯，干扰杂质很低，适用于工业分析及一般研究工作；

化学纯（CP，蓝标）（三级品）：主成分含量很高、纯度较高，存在干扰杂质，适用于工矿、学校的一般分析工作和合成制备。

国外试剂纯度级别说明如下述：

Ultra Pure：超纯，与 GR 级相近；

High Pure：高纯，与 AR 级相近；

Reagent：试剂级，与 CP 级相近；

ACS：美国化学学会标准，与 AR 级相近。

实际规格中文、英文、缩写对照表

中文	英文	缩写或简称
优级纯试剂	guaranteed reagent	GR
分析纯试剂	analytical reagent	AR
化学纯试剂	chemical pure	CP
实验试剂	laboratory reagent	LR
纯	pure	Purum Pur
高纯物质(特纯)	extra pure	EP
特纯	purissmum	Puriss
超纯	ultra pure	UP
精制	purified	Purif
分光纯	ultra violet pure	UV
光谱纯	spectrum pure	SP
闪烁纯	scintillation pure	
研究级	research grade	
生化试剂	biochemical	BC

参 考 文 献

[1] Barnett J A, Payne R W, Yarrow D. Yeasts: Characteristics and identification [M]. UK: Cambri-dge University Press, 2000: 41-42.

[2] 朱广财, 朱丹, 王宪青, 等. 沙棘果酒专用酵母菌的分子生物学鉴定及其应用研究 [J]. 食品科学, 2010, 31 (7): 214-218.

[3] 杜连祥, 路福平. 微生物学实验技术 [M]. 北京: 中国轻工业出版社, 2005, 32-37.

[4] 国家自然科技资源平台"微生物菌种资源"项目组. 微生物菌种资源描述规范汇编 [M]. 北京: 中国农业科学技术出版社, 2009: 61-66.

[5] Bridge P D. The history and application of molecular mycology [J]. Mycologist, 2002, 16 (3): 90-99.

[6] Peterson S W, Kurtzman C P. Ribosomal RNA sequence divergence among sibling species of yeasts [J]. Syst Appl Microbiol, 1991, 14 (1): 124-129.

[7] Fell J W, Blatt G. Separation of strains of the yeasts Xanthophyllomyces dendrorhous and Phaffia rhodozyma based on rDNA, IGS and ITS sequence analysis [J]. J Ind Microbiol Bi otechnol, 1999, 23 (1): 677-681.

[8] 刘喜鹏. 生物工程综合实验 [M]. 科学出版社, 2010, 221-235.

[9] 孙璐红, 鲁周民. 植物基因组 DNA 提取及纯化研究进展 [J]. 西北林学院学报, 2010, 25 (6): 102-106.

[10] 李斌, 于丽霞, 习珺珺等. 一种广泛适用于植物基因组 DNA 提取的方法 [J]. 安徽农业科学. 2012, 40 (10): 5806-5807.

[11] 罗文永, 李晓方, 肖昕等. 一种简单快速的 DNA 模板制备方法 [J]. 种子. 2002 (05): 8-9.

[12] 韦茜, 蔡永强, 等. CTAB 法提取火龙果基因组 DNA 的试验研究 [J]. 安徽农业科学. 2008, 36 (13): 5325-5326.

[13] 余志雄, 袁亚芳. 火龙果 ISSR 优化体系的建立 [J]. 福建农业学报. 2010, 25 (06): 711-715.

[14] 孙大庆, 闫冰, 赵宁, 等. 应用于转基因食品检测的 PCR 技术及其进展 [J]. 中国粮油学报, 2007, 22 (1): 108-112.

[15] 孙璐红, 鲁周民. 植物基因组 DNA 提取及纯化研究进展 [J]. 西北林学院学报, 2010, 25 (6): 102-106.

[16] SN/T 1195—2003. 大豆转基因成分的定性 PCR 检测方法 [S].

[17] 吴丽圆. 思茅松不同组织 DNA 的提取 [J]. 西北林学院学报, 2005, 20 (2): 83-85.

[18] 叶金山, 温强, 江香梅, 等. 壳斗科 5 属植物基因组 DNA 提取方法研究 [J]. 江西林业科技, 2008, 2 (6): 10-12.

[19] 巩艳红, 刘军, 张健, 等. 毛貂皮樟的叶片 DNA 提取及其 RAPD 引物筛选 [J]. 西北林学院学报, 2004, 19 (4): 35-37.

[20] 陈昆松, 李方, 徐昌杰, 等. 改良 CTAB 法用于多年生植物组织基因组 DNA 的大量提取 [J]. 遗传, 2004, 26 (4): 529-531.

[21] 曹庆芹, 徐玥, 冯永庆, 等. 板栗基因组 DNA 不同提取方法的比较 [J]. 农业生物技术科学, 2007, 23 (6): 160-163.

[22] France R M, Sellers D S, Grossman S H, Purification, characterization, and hydrodynamic properties of argnine kinase from gulf shrimp. [J]. Arch Biochem Biophys, 1997, 345 (1): 73-78.

[23] MorrisS, van Aardt W J, Ahern M D. The effect of lead on the metabolic and energetic status of the Yabby, Cherax destructor, during environment, ahypoxia [J]. Aquat Toxicol, 2005, 75 (1): 16-31.

[24] Sambrook J and Russell D W. 分子克隆实验指南第三版. 黄培堂等 [M]. 北京: 科学出版社.

[25] 苏晓峰, 陆国清, 程红梅. 精氨酸激酶蛋白及分子生物学的研究进展 [J]. 生物技术通报, 2011, 33 (6): 1026-1030.

[26] 陈家杰, 夏立新, 刘志刚, 等. 美洲大蠊精氨酸激酶基因的克隆、表达及变应原活性测定 [J]. 中国寄生虫学与寄生虫病杂志, 2008, 26 (5): 356-360.

[27]　王华兵，徐豫松 . 家蚕精氨酸激酶基因的克隆、基因结构与表达分析 [J]. 中国农业科学报，2006，39（11）：2354-2361.

[28]　姚翠鸾，冀培丰，孔鹏，等 . 对虾精氨酸激酶的多克隆抗体制备及组织特异性表达分析 [N]. 水产学报，2009-7-5（6）.

[29]　李森 . 蝗虫精氨酸激酶的分离纯化和酶学性质的研究 [D]. 泰安：山东农业大学，2006.

[30]　王凤彩 . 鸡卵黄免疫球蛋白的提取及生物活性研究 [D]. 天津：天津科技大学，2003.

[31]　钱国英 . 生化实验技术与实施教程 [M]. 杭州：浙江大学出版社，2009.

[32]　刘住才，侯平然 . 酶法生产果葡糖浆的发展 [J]. 冷饮与速冻食品工业，2001，7（3）：39-42.

[33]　蒋丽萍，张静 . 果葡糖浆的特性及其在食品中的应用 [J]. 新疆牧业，2009，3：39-40.

[34]　游新侠，仇农学 . 咔唑比色法测定苹果渣提取液果胶含量的研究 [J]. 四川食品与发酵，2007，43（1）：19-22.

[35]　王锐，何嵋，袁晓春，等 . 桑葚多糖体外清除自由基活性研究 [J]. 安徽农业科学，2012，40（2）：775-776，779.

[36]　牛鹏飞，仇学农，杜寅，等 . 苹果渣中不同极性多酚的分离与体外抗氧化活性研究 [J]. 农业工程学报，2008，24（3）：238-242.

[37]　陈浩 . 普洱茶多糖降血糖及抗氧化作用研究 [D]. 杭州：浙江大学，2013.

[38]　顾华杰，黄金汇 . 4种灰树花多糖测定方法的比较 [J]. 江苏农业科学，2011，39（4）：400-402.

[39]　朱兴一，陈秀，谢婕，等 . 基于响应面法的闪式提取香菇多糖工艺优化 [J]. 江苏农业科学，2012，40（5）：243-245.

[40]　范晓良，颜继忠，阮伟峰 . 香菇多糖的提取、分离纯化及结构分析研究进展 [J]. 海峡药学，2012，24（5）：1-3.

[41]　陈毓荃 . 生物化学实验方法技术 [M]. 北京：科学出版社，2002.

[42]　杨建雄 . 生物化学与分子生物学实验技术教程 [M]. 北京：科学出版社，2003.

[43]　宋志军，纪重光 . 现代分析仪器与测试方法 [M]. 西安：西北农业大学出版社，1994.

[44]　廖启斌，李文权，陈清花，等 . 海洋微藻脂肪酸的气相色谱分析 [J]. 海洋通报 .2000，19（6）：66-69.

[45]　李丹华，朱圣陶 . 气相色谱法测定常见植物油中脂肪酸 [J]. 粮食与油脂 .2006，7（8）：46-48.

[46]　NATSUMI NOJI，TAKEMICH NAKAMURA，NOBUTAKA KITAHA. Simple and sensitive method for pyrroloquinoline quinone（PQQ）analysis in various foods using liquid chromatography/electrospray-ionization tandem mass spectrometry [J]. Agric. Food Chem，2007，55：7258-7263.

[47]　杨延新，熊向华，游松，等 .3 种检测吡咯喹啉醌的方法比较 [J]. 生物技术通讯，2011，22（4）：544-548.

[48]　钟杉杉 . 吡咯喹啉醌高产菌的筛选-诱变-发酵及克隆 [D]. 北京：北京化工大学，2013.

[49]　赵永芳，徐宁，王银善，等 . 吡咯喹啉醌的非酶系统测定 [J]. 武汉大学学报（自然科学版），1995，41（6）：777-780.

[50]　于怡 . 吡咯喹啉醌依赖型葡萄糖脱氢酶在大肠杆菌中的高效表达及其定向进化研究 [D]. 杭州：浙江大学，2012.

[51]　郑京平 . 水果、蔬菜中维生素 C 含量的测定——紫外分光度法快速测定方法探讨 [J]. 光谱实验室，2006，23（4）：731-735.